Test-Driven Development 學習手冊
編寫多語言的整潔程式碼

Learning Test-Driven Development
A Polyglot Guide to Writing Uncluttered Code

Saleem Siddiqui 著
楊新章 譯

O'REILLY®

謹將本書獻給

امّی **Ammi,**

آپا **Apa,**

Janelle，和 **Safa**。

沒有妳們的愛與支持，本書及其作者都將不會完整。

目錄

第二部分　模組化

推薦序

在我作為電腦科學和軟體工程教育者的 30 年職業生涯中，特別是自從我 2001 年在工業界短暫任職以來，很少有其他技術會像自動化單元測試——也就是將測試驅動開發（test-driven development, TDD）操作化為一種特定但廣泛適用的技術的泛用作法——那樣的影響並滲透到我的教學（和研究）中。

就在採用了 Martin Fowler 2003 年的教科書《*UML Distilled*》（第 3 版），作為我的物件導向開發課程的 UML 參考書之後，我仍然記得我就能夠具體的瞭解 TDD 了，這就像是它的副作用一樣。在那本書中，Martin 討論了成功的迭代開發過程中通常存在的三個關鍵實務：自動化迴歸測試、重構和持續整合。這樣簡潔的描述引起了我的強烈共鳴，我一直很享受說服我的學生要透過編寫額外的程式碼，來測試他們的其餘程式碼，並以所得到的各色測試結果來接收即時回饋，以獲得更多的樂趣。

大概在十年後，也就是大約 2012 年時，當我開始收聽一些關於軟體架構的 *Software Engineering Radio* 播客（podcast）時，我的另一個驚喜時刻出現了。我正在閱讀播客中提到的一些參考資料，並在 "Uncle Bob" Robert C. Martin 的書《*Agile Software Development: Principles, Patterns, and Practices*》中看到了一個名為 " 偶然的架構（Serendipitous Architecture）" 的簡短小節，其中的討論聚焦於如何使程式碼自動可測試，從而引致良好的、可維護的架構。

總之，上面這兩點強調了自動化測試是如何將流程和架構、以及功能性和非功能性需求聯繫在一起的方式：藉由讓我們對程式碼可以滿足功能性需求的程度這件事更有信心之後，可測試性可以認為是最重要的非功能性需求。

今年夏天，差不多又過了十年後，Saleem Siddiqui 因為他的書而與我聯繫。順道一提，明年將是 Saleem 和我一起修讀三門研究生課程的第 25 週年！看到他成為一名成功的技術專業人士——就像 Martin Fowler 一樣的思想工作者——和作家，我感到非常欣慰。我很榮幸他讓我為他的書寫前言，也讓我想更加了解他對 TDD 的想法。

Saleem 的書最讓我興奮的是，它使用日常生活中非常熟悉的執行範例，以一種動手操作但又有條不紊的方式讓讀者參與到 TDD 過程裡。無論是哪種程式語言，紅－綠－重構週期都會為流程定下基調。這個金融貨幣領域的接續性功能是具體且易於關聯的，但會引導讀者逐步應對更複雜的挑戰，從而建立信心、揭示微妙的取捨、並喚醒進一步探索的好奇心。沿著輪廓（profile）、目的（purpose）和程序（process）三個維度進行的最終程式碼審查，更整合了在這個過程中所收集的洞察。

透過使用三種具有相當互補設計理念的常用語言——其中 JavaScript 和 Python 已經在市場上佔據領先地位，而 Go 正在迅速崛起—— Saleem 為 TDD 方法的廣泛適用性提供了強而有力的理由。此外，他還為讀者提供了額外的接觸點、和對語言設計與剛才提到的"三個 P"之間關係的認識。

我非常希望 Saleem 的書，能夠和那些被 Go、JavaScript 和 Python 等有影響力的語言所吸引的新一代軟體開發人員產生共鳴，並將他們拉上測試驅動開發的良性路徑，從而產生加乘效應。借用偉大的爵士薩克斯風演奏家 Cannonball Adderley 在向紐約現場觀眾描述時髦（hipness）一詞時所說的話：這不是一種心態，而是生活中的事實。

—— Konstantin Läufer
電腦科學教授，
芝加哥洛約拉大學
芝加哥，伊利諾州，2021 年 9 月

前言

測試驅動開發是在程式設計過程中管理恐懼的一種方式。

—Kent Beck

我們真是太幸運了！多年來，我們一直在進行測試驅動開發。

自從為水星太空計畫（Mercury Space Program）編寫程式碼的開發人員實踐了 Punch Card（打孔卡片）TDD（test-driven development，測試驅動開發）（*https://oreil.ly/pKpSZ*）以來，已經過去了幾十年了。促進採用測試驅動開發的 XUnit 程式庫的問世可以追溯到世紀之交。事實上，撰寫了《*Test-Driven Development: By Example*》（Addison-Wesley Professional，2002）並且開發了 Junit 框架的 Kent Beck，稱自己 "重新發現"（而不是發明）了 TDD 的實務（*https://oreil.ly/zDyBr*）。這句話是他謙卑的證據，但也是事實。TDD 與軟體開發本身一樣古老。

那為什麼測試驅動開發和標準的程式碼編寫方式還離的很遠呢？為什麼當有進度壓力時、或者需要削減 IT 預算時、或者（這是我個人最喜歡的原因）希望 "提高軟體交付團隊的速度" 時，它都是首先被犧牲的實務呢？這些原因都會被拿出來講，儘管有現成的經驗和實驗證據（*https://oreil.ly/2Xxyb*）來證明 TDD 可以減少缺陷數量、建立了更簡單的設計、並能提高開發人員對自己程式碼的信心。

為什麼 TDD 會被勉強的採用而也會被輕易的放棄呢？或許下面這些經常會從那些不願意實踐這件事的人那裡聽到的論點可以解釋原因：

我不知道從哪裡以及如何開始。

也許最常見的原因是缺乏認識和曝光。像任何其他技能一樣，以測試驅動的風格來編寫程式碼是需要學習的。許多開發人員不是沒有外部誘因（時間、資源、指導、鼓勵），就是沒有內部動機（克服自己的不情願和恐懼）來學習這項技能。

TDD 適用於玩具程式（toy program）或程式設計面試，但不適用於編寫"真實世界"程式碼。

這個想法雖然不正確，但可以理解。大多數測試驅動的開發教程和書籍——包括這本書——都被限制成只能從一個常見領域中挑選一些相對簡單的例子來說明。我們很難使用從商業性部署的應用程式（例如，從金融機構、醫療保健管理系統或自動駕駛汽車）中所提取的實際程式碼來編寫 TDD 文章或書籍。一方面，許多這樣的真實世界程式碼是專屬的，而不是開源的。另一方面，作者的工作應該是展示來自於那些會對最大受眾具有最廣泛吸引力的領域的程式碼。在高度專業的領域背景之下來展示 TDD 是不合邏輯的，而且近乎蒙昧主義（obscurantism）。要這樣做首先必須對該領域的晦澀行話進行冗長的解釋。而這將違背本書作者的目的：讓 TDD 易於理解、平易近人、甚至是可愛的。

儘管在 TDD 文獻中使用真實世界的程式碼存在著這些障礙，但開發人員經常使用測試驅動開發來編寫（production）生產軟體。也許最好和最有說服力的例子是 JUnit 框架（framework）（*https://oreil.ly/UCPcg*）本身的單元測試（unit test）套件。另外 Linux 核心程式（Kernel）——可能是世界上最頻繁被使用的軟體——正在透過單元測試獲得改進（*https://oreil.ly/hBbq0*）。

事後再編寫測試就足夠了；TDD 過於嚴格和 / 或迂腐。

這種說法比聽到有人偶爾抱怨說"單元測試被高估了"（*https://oreil.ly/Y7S5M*）還更令人耳目一新！在編寫生產程式碼**之後**再編寫測試，還是對根本不編寫測試這個作法的改進。任何能夠提高開發人員對其程式碼的信心、降低意外的複雜性、並提供真實說明文件的東西都是一件好事。但是，在編寫生產程式碼**之前**就編寫單元測試提供了一種強制性，可以防止產生不可預期的複雜性。

TDD 引導我們進行更簡單的設計，因為它提供了以下兩個實用規則作為保護：

1. 只編寫生產程式碼來修復失敗的測試。

2. 當且僅當測試為綠色時才積極重構（refactor）。

測試驅動開發能否保證我們編寫的所有程式碼，都會自動且不可避免的成為最簡單的程式碼？不是，並不會如此。沒有任何實務、規則、書籍或宣言（manifesto）可以做到這一點。而是由將這些實務帶入生活的**人們**來確保會達成和保留簡單性。

本書的**內容**會解釋並指引測試驅動開發是如何在三種不同的程式設計語言中運作的。其**目的**是向開發人員灌輸使用 TDD 作為常規實務的習慣和自信。這可能是一個雄心勃勃的目標，但我希望它不是難以捉摸的。

什麼是測試驅動開發？

測試驅動開發是一種設計和結構化程式碼的技術，它鼓勵簡單性並增加人們對程式碼的信心，即使程式碼的大小會有所增加。

讓我們來看一下這個定義的各個部分。

一種技術

測試驅動開發是一種技術。的確，這種技術源於一組關於程式碼的信念，也就是：

- 簡單性——也就是將**未**完成的工作量最大化的藝術，是必不可少的[1]
- 顯而易見性（obviousness）和清晰性（clarity）比起聰明（cleverness）而言更是美德
- 編寫整潔的程式碼是成功的關鍵組件

儘管植根於這些信念，但實際上，TDD 就是一種技術。就像騎自行車、揉麵團或解微分方程一樣，這是一項沒有人天生就會的技能，每個人都必須要學習。

除了本節之外，本書並未詳述測試驅動開發背後的信念系統。我們假設了您已經相信了它，或者您願意嘗試將 TDD 作為一項新的（或被遺忘的）技能。

該技術的機制——首先編寫一個失敗的單元測試、然後輕快的編寫一個剛好夠讓它通過測試的程式碼、然後再花時間清理——佔據了本書的大部分內容。會有足夠的機會讓您親自嘗試這種技術。

歸根究柢來說，學習一項技能**並且**讓自己充滿了支持它的信念會更令人滿意——就像騎自行車時提醒自己騎自行車對健康和環境是有益的，會讓自己更愉快一樣！

[1] 這種簡單性的定義體現在敏捷宣言（Agile Manifesto）（*https://agilemanifesto.org/principles.html*）的 12 條原則之一裡面。

設計和結構程式碼

請注意，TDD 並不是在基本上就與測試程式碼相關。我們確實使用了單元測試來驅動程式碼，但 TDD 的目的是改進程式碼的設計和結構。

這個重點是至關重要的。如果 TDD 只是和測試相關，我們就無法真正的提出一個在編寫業務程式碼**之前**而不是**之後**來編寫測試的有效案例。設計更好的軟體是激勵我們前進的目標；測試只是達成這項進步的工具。我們最終透過 TDD 所完成的單元測試只是一種額外的好處；主要的好處是我們所得到的設計的簡單性。

我們如何達成這種簡單性呢？它是透過**紅－綠－重構**（*red-green-refactor*）的機制達成的，第 1 章開始會有詳細描述。

對簡單性的偏見

簡單性不僅僅是一個深奧的概念。在軟體中，我們甚至可以測量它。每個功能的程式碼行數變得更少、循環複雜度（cyclomatic complexity）變得更低（*https://oreil.ly/5Gj2b*）、副作用變的更少、執行時期或記憶體要求變得更小——這些（或其他）要求的任何一部分組合都可以作為簡單性的客觀衡量標準。

測試驅動開發，透過強迫我們製作出 " 最簡單的可行東西 "（也就是能通過所有測試的東西），來不斷的推動我們朝著這些簡單性指標前進。我們不允許因為 " 以備不時之需 " 或 " 我們可以預期它快被用到 " 而添加多餘的程式碼。我們必須首先編寫一個失敗的測試來證明編寫這樣的程式碼是合理的。先編寫測試這樣的行為是一種強制功能——這迫使我們**儘早**處理不可預期的複雜性。如果我們即將開發的功能的定義並不明確，或者我們對它的理解存在著缺陷，我們會發現很難先編寫出一個好的測試。這將迫使我們在編寫出一行生產程式碼**之前**先解決這些問題。這就是 TDD 的優點：透過了運用測試來驅動我們的程式碼這樣的紀律的練習，讓我們在每個關鍵點都消除了不可預期的複雜性。

這種優點並不神秘：使用測試驅動開發不會讓您的開發時間、程式碼行數或者缺陷數量減少一半。它**可以**做的是去除您引入人造和人為複雜性的這類誘惑。最終的程式碼——由先編寫出失敗測試的這個原則來驅動——將成為完成工作的最直接方式，也就是滿足測試之需求的最簡單程式碼。

增加信心

程式碼，尤其是我們自己編寫的程式碼，應該要能夠激發信心。這種信心雖然本身是一種模糊的感覺，但奠基於對可預測性的期望。我們會對可以預測其行為的事物充滿信心。如果街角的咖啡店在某天少收了我的錢，然後第二天時再多收了同樣多的錢，即使我在兩天內是收支平衡的，我也可能會對員工失去信心。我們更看重**規律性**（*regularity*）和**可預測性**（*predictability*），而不是**淨值**（*net value*），這是人類的天性。世界上最幸運的賭徒，可能剛剛在輪盤賭桌上連續贏了 10 次，他不會說他們“信任”輪盤或對它有“信心”。我們對可預測性的喜好即使對於愚蠢的運氣來說也是存在的。

測試驅動開發增加了我們對程式碼的信心，因為每個新的測試都以新的和以前未經測試的方式來改變系統——至少從字面上看來就是如此！隨著時間的推移，我們所建立的測試套件可以保護我們免受迴歸失敗的影響。

這種不斷增加的測試組合正是為何會隨著程式碼大小的增長，程式碼的品質和我們對它的信心也會增加的原因。

這本書是給誰看的？

這是一本給開發人員（即編寫軟體的人）的書。

這個職業有許多專業頭銜：“軟體工程師”、“應用程式架構師”、“devops 工程師”、“測試自動化工程師”、“程式設計師”、“駭客”、“程式碼低語者（code whisperer）”等等。這些頭銜可能會是令人印象深刻的或謙遜的、時尚的或莊重的、傳統的或現代的。然而，自稱這些頭銜的人都有一個共通點：他們每星期至少有一部分時間——如果不是每天的話——在電腦前閱讀和 / 或編寫程式原始碼。

我選擇了**開發人員**（*developer*）這個詞來代表這個社群，而我是其中一個謙虛又感激的成員。

編寫程式碼是人們最自由和最平等的活動之一。理論上，一個人要進行這件事唯一所需要的生理能力就是擁有一個大腦。年齡、社會性別（gender）、生理性別（sex）、國籍、出生地等都不應該成為障礙。身體殘疾也不應成為障礙。

然而，如果認為現實是如此乾淨或公平的，那就太過於天真了。對計算資源的存取是不公平的。一定程度的財富、免於匱乏的自由和安全還是必要的。不良的軟體編寫、不良的硬體設計，以及無數其他的可用性限制都會進一步阻礙了存取，這些限制造成不是所有的人都可以只基於他們的興趣和努力來學習程式設計。

我試圖讓盡多的人能夠閱讀這本書。特別一提的是，我試圖讓身體殘疾的人可以接受它。影像都具有替代文本（alt-text）以方便電子方式閱讀。程式碼可透過 GitHub 獲得。並且文體很簡單。

就經驗而言，本書既適用於仍在學習如何設計程式的人，也適用於那些已經知道如何設計程式的人。如果您正在學習本書中三種語言中的其中一種（或多種），那麼您就屬於目標受眾。

但是，本書並不會教授任何語言的程式設計**基礎知識**，包括 Go、JavaScript 或 Python。能以其中的至少一種程式設計語言來讀寫程式碼的能力是一項要求。如果您對程式設計完全陌生，那麼在繼續閱讀本書之前，最好先去鞏固運用這三種語言之一來編寫程式碼的基礎。

本書的甜蜜點涵蓋了那些已經初嚐程式設計滋味的開發人員，一直到經驗豐富的架構師，如圖 P-1 所示（Kent Beck 是一個異常值）。

圖 P-1　這是一本寫給軟體開發人員的書

編寫程式碼時而令人振奮，時而令人惱火。然而，即使在最令人沮喪的情況下，我們也應該**始終**保持一絲絲樂觀和一蒲式耳（bushel）的信心，也就是我們終究可以讓程式碼按照我們的意願行事。持之以恆進行，您會發現讀完這本書的旅程是富有成果的，並且在讀完第 14 章之後，您還會想要長期享受以測試驅動方式來編寫程式碼的樂趣。

閱讀本書的先決條件是什麼？

在設備和技術實力上，您應該：

- 可以存取具有網際網路連接的電腦。
- 能夠在該電腦上安裝和移除軟體。也就是說，您在該電腦上的存取不應受到限制；在大多數情況下，這需要在該電腦上具有"管理員（Administrator）"或"超級使用者（Superuser）"的存取權限。
- 能夠在該電腦上啟動和使用殼層（shell）程式、Web 瀏覽器、文本編輯器以及可選的整合開發環境（integrated development environment, IDE）。
- 已安裝（或能夠安裝）本書所使用的任一種語言的執行時期（runtime）工具。
- 能夠用本書所使用的任一種語言來編寫和執行一個簡單的程式——"Hello World"。

第 0 章第 1 頁的"設定您的開發環境"有更多的安裝細節。

如何閱讀本書

本書的主題是"如何在 Go、JavaScript 和 Python 中進行測試驅動開發"。雖然其中所討論的概念都適用於所有的三種語言，但對於每種語言的處理還是需要對每章中的材料進行一些切割。學習測試驅動開發（就像任何其他您已獲得的技能一樣）的最佳方式就是透過練習。我鼓勵您閱讀內文並自己編寫程式碼。我將這種風格稱為"跟隨書本（*following the book*）"——因為它包括主動的閱讀和主動的程式設計。

要充分利用本書，請用所有三種語言來編寫 Money 範例的程式碼。

大多數章節都有適用於所有三種語言的通用部分。接下來是特定於語言的小節，其中描述和開發了三種語言其中之一的程式碼。這些特定於語言的部分總是用它們的標題清楚的標記出來：*Go*、*JavaScript* 或 *Python*。在每一章的末尾都有一兩個小節來總結，我們到目前為止已經完成的工作以及接下來會進行什麼。

第 5 章到第 7 章是獨一無二的，因為它們分別專門處理以下三種語言中的其中一種：Go、JavaScript 和 Python。

圖 P-2 顯示了一個流程圖，描述了本書的佈局以及遵循它的不同方法。

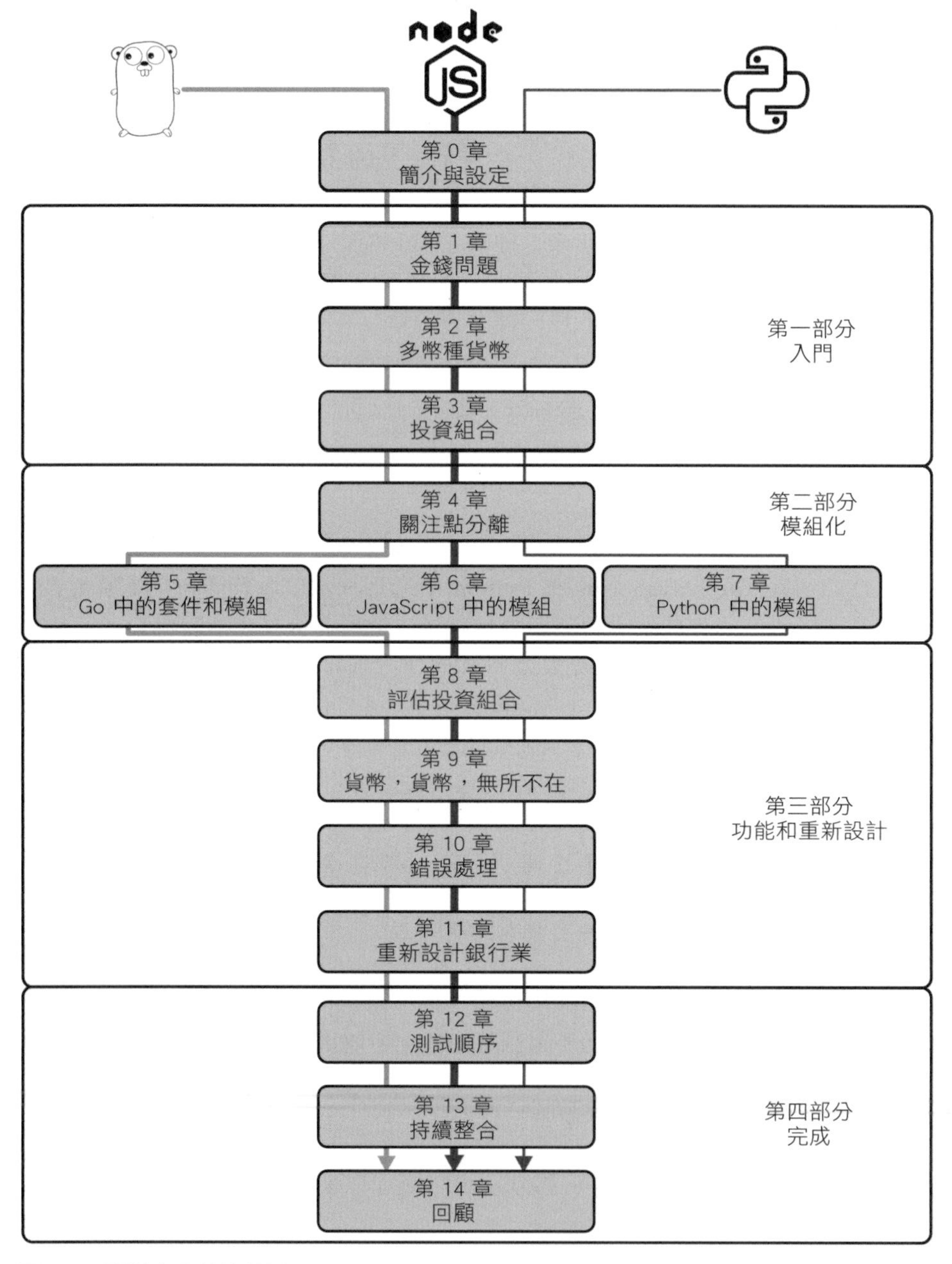

圖 P-2　閱讀本書的流程圖

以下是一些關於如何最能夠遵循這本書的"閱讀路徑"。

一次遵循本書的一種語言

如果以下這些條件中的一個或多個適用於您，我推薦您遵循此路徑：

1. 在處理其他兩種語言之前，我渴望先深入研究其中一種語言。
2. 我特別好奇（或懷疑！）關於 TDD 是如何在三種語言中的其中一種中運作的。
3. 我最好的學習方式是一次只使用一種語言，而不是同時使用多種語言。

請按照圖 P-2 所示的流程圖進行，一次遵循一條線。例如，如果您渴望首先學習 Go 中的 TDD，第一次閱讀中請跳過標記為 JavaScript 和 Python 的部分。然後再讀一遍這本書的 JavaScript 部分，第三遍再用 Python 來完成。或者您可以按不同的順序來選擇語言。第二次和第三次時*應該*會比第一次更快；但是，請為每種語言的獨特怪癖做好心理準備！

如果您以這種方式閱讀本書，您會發現用每種語言連續編寫程式碼，可以讓您更深入的瞭解 TDD 並把它*當作是原則*——而不只是把測試細節*當作是語言特性*。養成編寫測試的習慣是必要的；但是，瞭解測試驅動開發為何要跨語言工作的原因更重要。

先用兩種語言遵循本書，然後用第三種語言遵循本書

如果您適用於以下的任何陳述，我推薦此路徑：

1. 我想用兩種語言來建構和比較同一個問題的解決方案。
2. 我對其中一種語言不太熟，想在其他兩種語言之後再處理它。
3. 我可以同時使用兩種語言來編寫程式碼，但很難同時兼顧這三種語言。

請按照圖 P-2 所示的流程圖進行，一次遵循二條線。在您完成了兩種語言的金錢問題之後，再透過這本書來學習第三種語言。

您可能想在第一遍時就用其中兩種語言學習，但無法決定要將哪種語言延後到第二遍才閱讀。以下是有關如何從三種語言中選擇兩種語言的一些建議：

1. 您想對動態型別語言與靜態型別語言進行比較、並讓語言技術堆疊保持簡單嗎？請先遵循 Go 和 Python，然後是 JavaScript。

2. 您準備要學習用兩種不同語言以對比方式來建構程式碼的方法，並準備處理技術堆疊的變化了嗎？請先遵循 Go 和 JavaScript，再遵循 Python。

3. 您想比較和對比兩種動態型別語言嗎？請先遵循 JavaScript 和 Python，然後是 Go。

如果您以這種方式閱讀本書，您將很快發現用多種語言進行 TDD 的異同。雖然語言中的語法和設計的變化造成了明顯的差異，但您可能會驚訝於 TDD 規則在您**如何**編寫程式碼的作法的滲透程度，無論您是使用哪種**語言**來編寫程式碼。

同時用所有的三種語言來遵循本書

如果您適用於以下任何陳述，我推薦此路徑：

1. 您想透過學習三種語言的對比和相似之處來獲得最大的價值。

2. 您發現從頭到尾閱讀一本書比多次閱讀更容易。

3. 您對所有的三種語言都有一定的經驗，但沒有在其中任何一種語言中練習過 TDD。

如果您可以同時用三種語言來編寫程式碼而不會不知所措，我推薦這條路徑。

無論您選擇哪種路徑，請注意，當您編寫程式碼時，您可能會面臨與您的特定開發環境有關的挑戰。雖然本書中的程式碼已經過正確性測試（並且它的持續整合建構是綠色的（*https://github.com/saleem/tdd-book-code/actions*）），但這並不意味著它一開始就可以在您的電腦上運行。（相反的，我**幾乎**可以保證您會在學習曲線上發現有趣的陡峭部分）。TDD 的主要好處之一是您可以控制前進的速度。當您被卡住時，請放慢速度。如果您用較小的增量來取得進展，則更容易找到程式碼誤入歧途的地方。編寫軟體意味著要處理錯誤的依賴關係、不可靠的網路連接、古怪的工具以及程式碼所繼承的數千種天然衝擊。當您感到不知所措時請放慢速度：讓您的更改變得更小且更離散。請記住：TDD 是一種管理對寫程式的恐懼的方法！

本書字體慣例

本書中使用了兩類需要解釋的慣例：編排的和語境的。

編排慣例

本書中的內文採用這句話中所使用的字體類型。它是用來閱讀的，而不是作為程式碼逐字輸入的。當內文中使用的單字也用於程式碼中時——例如 `class`、`interface` 或 `Exception` ——則使用固定寬度的字體。這會提醒您該術語正在或將在程式碼中使用（拼字完全相同）。

較長的程式碼片段被分成各自的區塊，如下所示。

```
package main

import "fmt"

...❶

func main() {
    fmt.Println("hello world")
}
```

❶ 省略號表示不相關的程式碼或輸出已被省略。

程式碼區塊中的所有內容可以是您逐字輸入的內容，**或者**是程式產生的文字輸出，但有兩個例外。

1. 在程式碼區塊中，**省略號**（**...**）用於表示省略的程式碼或省略的輸出。在這兩種情況下，省略的內容都與當前主題無關。您**不**應在程式碼中鍵入這些省略號或期望在輸出中看到它們。上面的程式碼區塊中顯示了一個這樣的範例。

2. 在顯示輸出的程式碼區塊中，可能有**暫時值**——記憶體位址、時間戳記、經過的時間、行號、自動產生的檔案名稱等——對您來說幾乎一定會和這裡有所不同。閱讀此類輸出時，您可以放心的忽略**特定的**暫時值，例如以下區塊中的記憶體位址：

```
AssertionError: <money.Money object at 0x10417b2e0> !=
                <money.Money object at 0x10417b400>
```

提示是在您編寫程式碼時對您有幫助的建議。它們與正文分開以便於參考。

對主題至關重要的重要資訊是這樣標識的。通常會有資源的超連結或註腳，可提供有關該主題的更多資訊。

在大多數章節中，都會對這三種語言的程式碼進行深入的開發和討論（例外的是第 5、6 和 7 章，它們分別專門討論 Go、JavaScript 和 Python）。為了區分每種語言的討論，標題以及位於頁邊空白處的圖示被用來指出該語言的專有段落。請留意這三個標題和圖示：

- *Go* 
- *JavaScript* 

- *Python* 

詞彙慣例

這本書討論了核心軟體概念，並用三種不同語言的程式碼來支持這些討論。這些語言在各自的術語上存在很大差異，因此在討論共同概念時會出現一些挑戰。

例如，Go 沒有類別或基於類別的繼承。JavaScript 的型別系統有基於原型（prototype）的物件——這意味著一切都是真正的物件，其中包括通常會被認為是類別的東西。

本書中使用的 Python 具有更“傳統的”基於類別的物件。[2] 像是“我們將建立一個名為 Money 的新類別”這樣的句子不僅令人困惑，而且在 Go 的語境中解釋時會是完全錯誤的。

為了減少可能出現的混淆，我採用了表 P-1 中所示的通用術語來參照關鍵概念。

表 P-1　本書使用的通用術語

術語	意義	Go 中的等價物	JavaScript 中的等價物	Python 中的等價物
實體（Entity）	一個單一的、獨立有意義的領域概念；一個關鍵名詞	Struct 型別	類別（Class）	類別（Class）
物件（Object）	一個實體的實例；物化名詞	Struct 實例	物件（Object）	物件（Object）
序列（Sequence）	動態長度物件的循序串列	切片（Slice）	陣列（Array）	陣列（Array）
雜湊圖（Hashmap）	一組（鍵值）對，其中鍵和值都可以是任意物件，並且沒有兩個鍵可以相同	映射（Map）	映射（Map）	字典（Dictionary）
函數（Function）	具有給定名稱的運算集合；函數可能（或可能沒有）具有輸入和輸出的實體，但它們不直接與任何一個實體相關聯	函數（Function）	函數（Function）	函數（Function）
方法（Method）	與實體關聯的函數。一個方法被稱為“呼叫在”該實體的一個實例（即一個物件）	方法（Method）	方法（Method）	方法（Method）
發出錯誤信號（Signal an error）	函數或方法用來指出失敗的機制	錯誤傳回值（通常是函數 / 方法的最後一個傳回值）	拋出例外（Throw an exception）	引發例外（Raise an exception）

我們的目標是使用能夠解釋概念的術語，而不是偏愛某一種程式語言的術語。畢竟，本書最大的收穫應該是，測試驅動開發是一門可以在任何程式語言中實踐的學科。

在本書涉及到三種語言之一的那些部分（在標題中會明確標記）中，在其內文中會使用特定於該種語言的術語。例如，在 Go 段落中，將有“定義一個名為 Money 的新結構（struct）”這樣的指令。這樣的語境清楚的表明該指令是特定於某個特定語言的。

[2] Python 在支援物件導向程式設計（OOP）方面非常順暢。例如，請參閱 prototype.py（*https://oreil.ly/ZKivt*），它在 Python 中實作了基於原型的物件。

使用程式碼範例

本書的原始碼可以在 *https://github.com/saleem/tdd-book-code* 取得。如果您有任何技術上或使用程式碼範例的問題，請發送電子郵件至 *bookquestions@oreilly.com*。

本書旨在幫助您學習和實踐測試驅動開發的藝術。通常，您可以在程式和說明文件中使用本書中提供的任何程式碼。除非您要複製程式碼的重要部分，否則您無需聯繫我們以獲得許可。例如，編寫一個使用了本書中多個程式碼區塊的程式不需要獲得許可。銷售或散佈 O'Reilly 書籍中的範例確實需要獲得許可。透過引用本書和引用範例程式碼來回答問題不需要獲得許可。將本書中的大量範例程式碼合併到您的產品說明文件中確實需要許可。

我們很感謝您在引用它們時標明出處（但不強制要求）。出處通常包括標題、作者、出版商和 ISBN。例如：“*Learning Test-Driven Development* by Saleem Siddiqui（O'Reilly). Copyright 2022 Saleem Siddiqui, 978-1-098-10647-8”

如果您認為您對程式碼範例的使用超出了合理使用或上述許可的範圍，請隨時透過 *permissions@oreilly.com* 與我們聯繫。

TDD — 為什麼

對 TDD ——以及隱含著就是對這本書——的批評可以有許多種形式。其中一些具有創造性的幽默感，例如圖 P-3 中 Jim Kersey 令人耳目一新的漫畫。

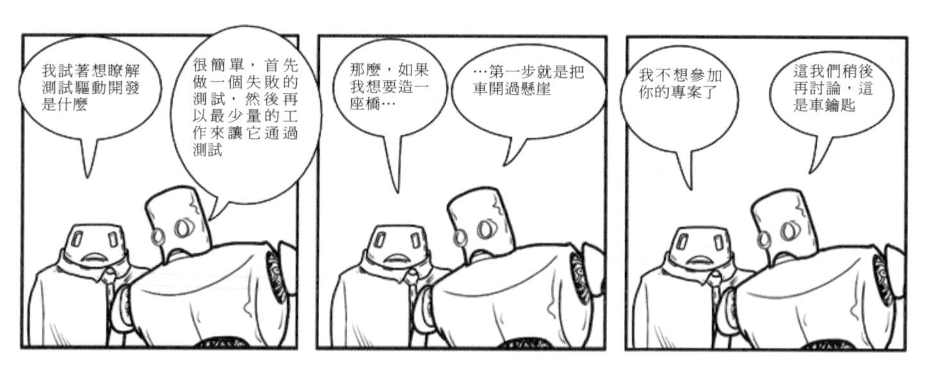

圖 P-3 TDD 幽默：不要跨過尚未建造的橋梁！（來源：*https://robotkersey.com*）

正經一點，對這本書的內容和結構有疑問是很自然的。以下是幾個對此類問題的回答。

為什麼本書要使用 Go、JavaScript 和 Python ？

本書使用 Go、JavaScript 和 Python 作為三種語言來示範測試驅動開發的實務。一個合理的問題是：為什麼是這三種語言？

以下是一些原因。

1. 變化性

本書中的三種語言代表了多種設計選項，如表 P-2 所示。

表 P-2　Go、JavaScript 和 Python 的比較

特徵	Go	JavaScript	Python
物件導向	"是與否"（*https://oreil.ly/M3u1P*）	是（作為符合 ES.next 的語言）	是
靜態與動態型別	靜態型別	動態型別	動態型別
外顯式或內隱式型別	大部分為外顯式，變數型別可以是內隱式的	內隱式型別	內隱式型別
自動型別強制	無型別強制	部分型別強制（用於 Boolean、Number、String, Object）。對任意 `Class` 型別沒有強制	一些內隱式型別強制（例如 `0` 和 `""` 代表否）
例外機制	按照慣例，方法的第二種傳回型別是 `error`，呼叫者必須外顯式的檢查這是否為 `nil`	關鍵字 `throw` 用於發出例外信號，`try ... catch` 用於回應它	關鍵字 `raise` 用於發出例外信號，`try ... except` 用於回應它
泛型（Generics）	還沒有！（*https://oreil.ly/ORveC*）	由於使用動態型別，不需要	由於使用動態型別，不需要
測試支援	語言的一部分（也就是 `testing` 套件和 `go test` 命令）；有可用的程式庫（例如，stretchr/testify）	不是語言的一部分，有許多程式庫可用（例如 Jasmine、Mocha、Jest）	語言的一部分（也就是 `unittest` 程式庫）；有可用的程式庫（例如，PyTest）

2. 人氣

根據 Stack Overflow 2017 年（*https://oreil.ly/CbnCx*）、2018 年（*https://oreil.ly/uhhLx*）、2019 年（*https://oreil.ly/BdAQJ*）和 2020 年（*https://oreil.ly/mHqNs*）的多項年度調查，Python、JavaScript 和 Go 是開發人員最想學習的三大新語言。圖 P-4 顯示了 2020 年調查的結果。

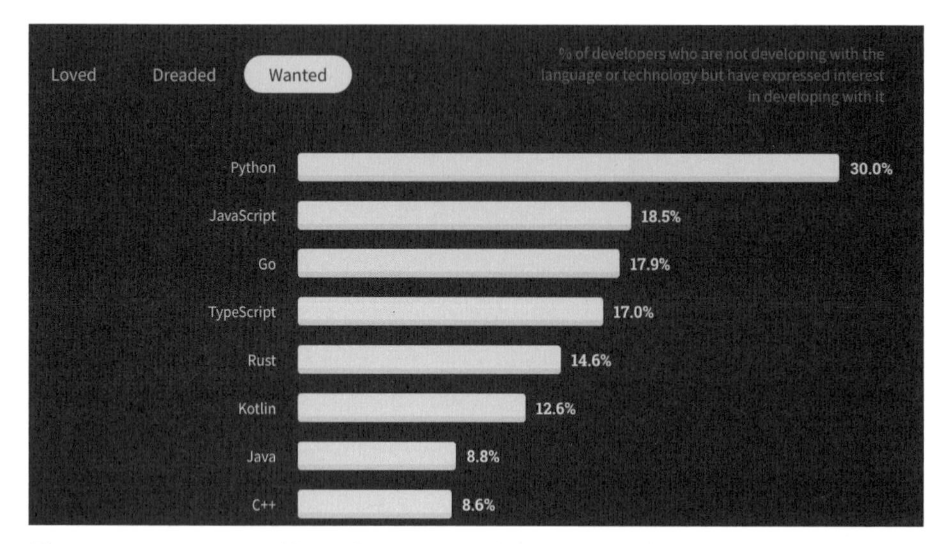

圖 P-4　Stack Overflow 對開發人員的一項調查指出的最需要學習的新語言

在 2021 年 Stack Overflow 的調查（*https://oreil.ly/hzMVk*）中，TypeScript 攀升至第二位，將 JavaScript 和 Go 分別擠到第三和第四位。 Python 保住了第一把交椅。

從語法上講，TypeScript 是 JavaScript 的嚴格超集合（*https://oreil.ly/aATAD*）。因此，我們可以說每個想要學習 TypeScript 的開發人員都必須要瞭解 JavaScript。我希望 TypeScript 開發人員也會發現這本書會很有價值。

3. 個人原因

在過去五年左右的時間裡，我有機會參與了幾個專案，其中的技術堆疊會將這三種語言其中的一種作為主要程式語言。在與其他開發人員一起工作時，我發現一般來說，他們對學習和實踐 TDD 的渴望，與他們無法找到資源（或培養紀律）來做到這一點相提並論。他們想練習 TDD，但不知道如何或找不到時間進行。很明顯的，這種情況對於經驗豐富的開發人員和 " 新手 " 一樣適用。

我希望這本書對於那些想用任何語言來學習和實踐 TDD（不僅僅是 Go、JavaScript 或 Python）的人來說，既可以作為實用指南，也可以作為靈感來源。

為什麼不是其他的語言？

對於初學者來說，有大量的程式語言可用。可以想像，或許有一個人可以寫出六本這樣的書，但這樣仍然只涵蓋了世界各地開發人員每天用於為學術、商業和娛樂目的編寫程式碼的語言中的一小部分。[3]

此外，已經有一本優秀的書籍可用在 Java 中的測試驅動開發。Kent Beck 的開創性工作啟發了我，就像無數其他開發人員一樣，我愛上了 TDD 的藝術和科學。這也引發了本書的"金錢問題"這個主要主題。

我確信有許多其他語言可以提供實用的 TDD 指南。R 呢？還是 SQL ？甚至 COBOL ？

讓我向您保證：提到 COBOL 並不是稻草人的論證（straw man argument），也不是陰險毒辣的誹謗。在 2000 年代中期，我參與了一個專案，在該專案中我示範了使用 COBOLUnit 在 COBOL 中執行 TDD 的能力。這是我用比我大上十多歲的語言所獲得的最有趣的東西！

我希望您能繼承這個衣缽。您會學習、教導和擁護用其他語言來實踐測試驅動開發所需的技能和紀律。您會撰寫部落格、開源專案或本系列的下一本書。

為什麼這本書有"第 0 章"？

絕大多數程式語言對陣列和其他可數序列會使用從 0 開始的索引。[4] 這對於構成本書基礎的三種程式語言來說當然也是正確的。從某種意義上說，本書用從 0 開始的章節編號來紀念程式設計文化的豐富歷史。

我也想向零本身致敬，它是一個激進的想法。Charles Seife 就這個孤獨的數字寫了一整本書。在追溯零的歷史時，Seife 注意到希臘人對一個不代表什麼的數字持保留態度：

[3] 雖然有一本關於某種語言的 TDD 的書不太可能得到出版商的認可。它的書名以"大腦"開頭，並以髒話結尾！

[4] Lua 是一個明顯的例外。我的朋友 Kent Spillner 曾經就這個主題發表過一次引人入勝的演講，我在此進行了總結（*https://oreil.ly/E9M41*）。

> 在那個 [也就是希臘] 宇宙中，沒有什麼是虛無的。沒有零。正因為如此，西方近兩千年來無法接受零。後果是可怕的。零的缺席會阻礙數學的發展，扼殺科學的創新，順便說一句，還會把日曆弄得一團糟。在他們接受零之前，西方的哲學家必須摧毀他們的宇宙。
>
> —— Charles Seife, *Zero: The Biography of a Dangerous Idea*

以下這段話冒著過於崇高的風險：測試驅動開發在今天的程式設計文化中佔據了相似的位置，就像幾千年前在西方哲學中的零一樣。採用它時會遇到阻力，這是由於不屑一顧、不安以及對一無所有的過度大驚小怪的奇怪組合而產生的。“我為什麼會對先編寫測試這件事挑剔呢——因為我已經知道我會如何編寫這個功能了！”、“測試驅動開發是迂腐的：它只在理論上有效，而不是在實務上。”、“在編寫完生產程式碼後再編寫測試至少會和先編寫測試一樣的有效，甚至還會更有效。”這些還有其他對 TDD 的反對意見致使它在激進程度上類似於數字零！

無論如何，一本書有第 0 章的作法並不完全是激進的。Carol Schumacher 寫了一整本書，標題為第零章：抽象數學的基本概念（*Chapter Zero: Fundamental Notions of Abstract Mathematics*）（*https://oreil.ly/nXJdV*），這是許多大學課程中高等數學的標準教科書。猜到那一本書是從哪一章開始的並不會有獎品可拿！

Schumacher 博士在她那本書的教師手冊中，說了一些我覺得很有啟發性的話：

> 作為作家，您的任務是給您的讀者正確的暗示，讓他們盡可能容易的理解您想說的話。
>
> —— Carol Schumacher，與第零章一起使用的教師資源手冊

我把這個建議牢記在心。務實的說，包含 “0” 的標題有助於將第 0 章與其後面的內文區分開來。本書的第 1 章將我們帶入了一個 TDD 之旅，並在接下來的十幾章中繼續進行。第 0 章是用來描述那段旅程會是什麼、在我們開始之前我們需要知道和擁有什麼、以及我們在此過程中會發生什麼。

解釋完之後，讓我們直接進入第 0 章吧！

第 0 章

簡介與設定

乾淨俐落的程式碼對成功至關重要。

— Ron Jeffries，"Clean Code: A Learning"，2017 年 8 月 23 日，*ronjeffries.com*

在我們開始進入測試驅動開發的費時耗力但報酬豐富的世界之前，我們需要確保我們有一個可以工作的開發環境。本章全是關於準備和設定的內容。

設定您的開發環境

無論您遵循哪種閱讀路徑（參見圖 P-2），您都需要一個乾淨的開發環境來閱讀本書。本書的其餘部分假定您已按照本節所述來設定了開發環境。

無論您從 Go、JavaScript 或 Python 中的哪一個開始，都應按照本節中的說明來設定您的開發環境。

通用設定

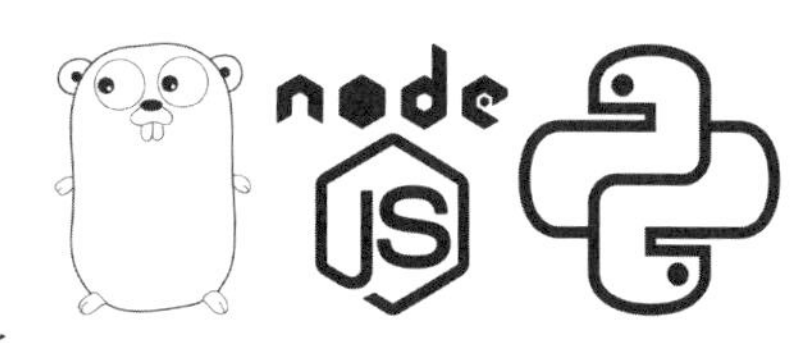

資料夾結構

請建立一個資料夾，作為我們將在本書中所編寫的所有原始碼的根目錄。將它命名為從現在起幾個星期後對您來說還是清晰明確的名稱，例如 *tdd-project*。

請在此資料夾下，建立一組資料夾，如下所示：

```
tdd-project
├── go
├── js
└── py
```

請在編寫第一行程式碼之前建立所有的資料夾，即使您打算多次學習本書且一次只使用一種語言也一樣。建立此資料夾結構具有以下好處：

1. 它將三種語言的程式碼分開但又彼此靠近。
2. 確保本書中的**大多數**命令無需更改即可執行。
   - 要處理那些會完全限定檔案 / 資料夾名稱的命令是例外——這樣的命令很少見。其中之一會出現在本節中。
3. 它允許跨越三種語言來輕鬆的採用進階功能，例如持續整合。
4. 這會與隨書所附的程式碼庫（*https://github.com/saleem/tdd-book-code*）中的資料夾結構相匹配。隨著程式碼的發展，這對於比較和對比您的程式碼很有用。

在本書的其餘部分，*TDD 專案根資料夾*（應用格式）這個術語，是用來參照包含了所有原始碼的根資料夾——在上文的名稱為 `tdd-project`。名為 `go`、`js` 和 `py` 的資料夾所參照的就是它們的名稱所示——從語境中可以清楚的看出它們的含意。

*TDD 專案根資料夾*是用來參照包含了本書中所開發的所有原始碼的資料夾的名稱。它是名為 `go`、`js` 和 `py` 的三個資料夾的父層級。

宣告一個名為 `TDD_PROJECT_ROOT` 的環境變數，並將其值設定為 *TDD 專案根資料夾*的完全合格名稱。在每個殼層（shell）中執行一次（或者更好的是，在您的殼層初始化腳本（例如 `.bashrc` 檔案）中執行一次），以確保所有後續命令都能無縫運行。

```
export TDD_PROJECT_ROOT=/完全/合格/路徑/到/tdd-project
```

例如，在我的 macOS 系統上，`TDD_PROJECT_ROOT` 的完全合格路徑是 `/Users/saleemsiddiqui/code/github/saleem/tdd-project`。

消除無聊

您需要在您啟動的每個新殼層中定義環境變數 `TDD_PROJECT_ROOT`。如果您覺得這很麻煩，您可以在相對應的配置檔案中設定一次即可。如何設定它的方式因作業系統以及殼層而異。對於我們將在本書中使用的類似 Bash 的殼層，可以在配置檔案中定義環境變數；雖然在細節上仍然不同。例如，在大多數 Linux（和 macOS）上，您可以在主資料夾中名為 `.bashrc` 的檔案裡添加 `export TDD_PROJECT_ROOT=...` 敘述（*https://oreil.ly/SMmFc*）。如果您在 Windows 上使用 Git BASH（如本章後面所述），您可能需要改用 `.bash_profile` 檔案（*https://oreil.ly/pkgxg*）。

簡而言之：消除工作中的無聊是一件好事。請使用適當的機制以在本書所使用的所有殼層中，可靠且一致的定義環境變數。

文本編輯器或 IDE

我們需要一個文本編輯器來編輯原始檔。整合開發環境（*integrated development environment*, IDE）提供了一個工具來幫助我們編輯、編譯和測試多種語言的程式碼。然而，這是一個攸關選擇和個人喜好的問題；請選擇最適合您的那一個。

附錄 A 中更詳細的描述了 IDE。

殼層

我們需要一個殼層（一個命令行直譯器（command-line interpreter））來執行我們的測試、檢查輸出並執行其他任務。與 IDE 一樣，殼層的選擇也很多，而且通常是開發人員之間熱烈分享想法的主題。本書在需要輸入的命令時假設使用了一個類似 *Bash* 的殼層。在大多數（如果不是全部）的類 Unix 作業系統（以及 macOS）上，Bash 殼層是現成可用的。

在 Windows 中可以使用 Git BASH（*https://gitforwindows.org*）等殼層。在 Windows 10 上，Windows Subsystem for Linux（*https://oreil.ly/UZ0KU*）提供了對 Bash 殼層的原生支援，以及許多其他的 "Linux 好東西"。這些任何一個選項或其他類似的選項都足以（並且必須）遵循本書中的程式碼範例。

圖 0-1 顯示了一個類似 Bash 的殼層，其中也包含輸入命令的結果。

```
tdd-project> python3
Python 3.9.6 (default, Jun 29 2021, 05:25:02)
[Clang 12.0.5 (clang-1205.0.22.9)] on darwin
Type "help", "copyright", "credits" or "license" for more information.
>>> _
```

圖 0-1　遵循本書中的編寫程式碼範例需要一個類似 Bash 的殼層，就像這裡所顯示的那樣

Git

第 13 章會介紹如何使用 GitHub Actions 來進行持續整合（CI）的實務。要遵循該章的內容，我們需要建立自己的 GitHub 專案並將程式碼推送到該專案中。

Git 是一個開源的分散式版本控制系統。GitHub 是一個協作式網際網路託管平台，允許人們相互保存和共享專案的原始碼。

Git（*https://git-scm.com*）是一個免費的、開源的、分散式的版本控制系統。GitHub（*https://www.github.com*）是一個使用 Git 的程式碼共享平台。

為了確保我們能夠採用持續整合，我們現在要做一些準備，並將一些工作延遲到第 13 章。更具體的說，我們將會在我們的開發環境中設定 Git 版本控制系統。我們會把 GitHub 專案的建立延遲到第 13 章。

首先，下載安裝 Git 版本控制系統（*https://git-scm.com/downloads*）。它適用於 macOS、Windows 和 Linux/Unix。安裝後，透過在終端機視窗上輸入 `git --version`，並按 Enter 來驗證它是否可以運作。您應該會看到已安裝 Git 版本的回應，如圖 0-2 所示。

```
tdd-project> git --version
git version 2.32.0
tdd-project> _
```

圖 0-2　透過鍵入 `git --version` 並在殼層上按 Enter 來驗證 Git 是否已安裝

接下來，我們將在 `TDD_PROJECT_ROOT` 中建立一個新的 Git 專案。請在殼層視窗中，鍵入以下命令：

```
cd $TDD_PROJECT_ROOT
git init .
```

這應該會產生一個 `Initialized empty Git repository in /您的/完全/合格/專案/路徑/.git/` 的輸出。這會在我們的 `TDD_PROJECT_ROOT` 中建立一個閃閃發亮的新的（目前為空的）Git 儲存庫。現在我們在 `TDD-PROJECT-ROOT` 資料夾下應該包含這些資料夾：

```
tdd-project
├── .git
├── go
├── js
└── py
```

Git 使用 `.git` 資料夾進行簿記（bookkeeping）。我們無需對其內容進行任何更改。

當我們在接下來的章節中編寫原始碼時，我們會定期將我們的變更提交到這個 Git 儲存庫。我們將使用 Git CLI（command line interface，命令行介面）來執行此操作。

在本書的其餘部分，我們會經常將我們的程式碼變更提交到 Git 儲存庫中。為了突顯這一點，我們將使用 git Git 圖示。

Go

閱讀本書時我們需要安裝 Go 版本 1.17。它適用於不同的作業系統的版本可在此下載（*https://golang.org/dl*）。

要驗證 Go 是否已正確安裝，請在殼層上鍵入 `go version` 並按 Enter。這應該會印出您的 Go 安裝的版本號碼。請參見圖 0-3。

```
tdd-project> go version
go version go1.17 darwin/amd64
tdd-project> _
```

圖 0-3　透過鍵入 `go version` 並在殼層上按 Enter 來驗證 Go 是否正常運作

我們還需要設定幾個 Go 特定的環境變數：

1. GO111MODULE 環境變數應設定為 on。

2. GOPATH 環境變數不應該包含 TDD_PROJECT_ROOT 或其下的任何資料夾，例如 go 資料夾。

請在殼層中執行這兩行程式碼：

```
export GO111MODULE="on"
export GOPATH=""
```

我們需要建立一個骨幹的 go.mod 檔案來準備編寫程式碼。這些是執行此操作的命令：

```
cd $TDD_PROJECT_ROOT/go
go mod init tdd
```

這將建立一個名為 go.mod 的檔案，其內容應為：

```
module tdd

go 1.17
```

對於從現在開始的所有 Go 程式的開發，請確保殼層正位於 TDD_PROJECT_ROOT 下的 go 資料夾中。

對於本書中的 Go 程式碼，請確保在執行任何 Go 命令之前先輸入 cd $TDD_PROJECT_ROOT/go。

快速瞭解 Go 套件管理

Go 的套件管理正處於翻天覆地的變化之中。使用 GOPATH 環境變數的舊樣式正在逐步的被淘汰，取而代之的是使用 go.mod 檔案的新樣式。這兩種風格在許多情況下是互不相容的。

我們上面所定義的兩個環境變數，以及我們產生的骨幹 go.mod 檔案，確保了 Go 工具可以正確的運作在我們的原始碼上，尤其是在我們建立套件時。我們將在第 5 章建立 Go 套件。

JavaScript

我們需要 Node.js v14（"Fermium"）或 v16 來遵循本書。適用於不同的作業系統的這兩個版本的 JavaScript 都可以從 Node.js 網站（*https://nodejs.org/en/download*）取得。

要驗證 Node.js 是否已經正確安裝，請在殼層上鍵入 `node -v` 並按 Enter。該命令應會印出一行訊息，列出 Node.js 的版本。請參見圖 0-4。

```
tdd-project> node -v
v16.6.2
tdd-project> _
```

圖 0-4　透過鍵入 node -v 並在殼層上按 Enter 來驗證 Node.js 是否正常運作

快速瞭解測試程式庫

Node.js 生態系統中有幾個單元測試框架。總體而言，它們非常適合編寫測試和進行 TDD。然而，這本書避開了*所有的*這些框架。它的程式碼使用了 `assert` NPM 套件來進行斷言（assertion），並使用一個簡單的類別來組織測試。簡單性是要讓我們專注於 TDD 的*實務和語意*，而不是任何一個程式庫的*語法*。第 6 章更詳細的描述了測試的組織。附錄 B 列舉了測試框架以及我們不使用其中任何一個的詳細原因。

另一個快速瞭解，關於 JavaScript 套件管理

與測試框架類似，JavaScript 有很多方法來定義套件和依賴項。本書採用了 CommonJS 風格。第 6 章討論了其他風格：我們用原始碼來詳細展示 ES6 和 UMD 風格，而 AMD 風格則不使用原始碼來進行簡要的展示。

Python

我們需要 Python 3.10 來學習本書，適用於不同的作業系統的版本可從 Python 網站（*https://oreil.ly/xNLPa*）中取得。

Python 語言在 "Python 2" 和 "Python 3" 之間經歷了重大變化。雖然 Python 3 的舊版本（例如 3.6）可能還可以運作，但 Python 2 的**任何**版本都不足以滿足本書的學習目的。

您的電腦上可能已經安裝了 Python 2。例如，許多 macOS 作業系統（包括 Big Sur）都與 Python 2 捆綁在一起。並沒有必要（或不推薦）**卸載** Python 2 來遵循本書；但是，**有**必要確保 Python 3 是我們所使用的版本。

為了避免歧義，本書明確的使用 `python3` 作為命令中可執行檔的名稱。將 `python` 命令 " 別名（alias）" 為參照 Python 3 是有可能的（儘管也是沒有必要的）。

這裡有一個簡單的方法來找出您需要輸入哪個命令才可以確保使用了 Python 3。在殼層上鍵入 `python --version` 並按 Enter。如果您獲得一些從 `Python 3` 開始的輸出訊息，那麼就沒錯。如果您得到以 `Python 2` 開頭的東西，那您可能需要為本書中的所有命令外顯式的輸入 `python3`。

圖 0-5 顯示了一個同時使用了 Python 2 和 Python 3 的開發環境。

```
tdd-project> python3 --version
Python 3.9.6
tdd-project> python --version
Python 2.7.16
tdd-project> _
```

圖 0-5　驗證 Python 3 是否已安裝以及您需要輸入才能使用它的命令（如此處所示的 `python3`）

使用 Python 3 來遵循本書中的程式碼。**不要**使用 Python 2 ——它無法運作。

圖 0-6 顯示了一個助記符（mnemonic），用於簡化前面的 Python 版本的冗長廢話！

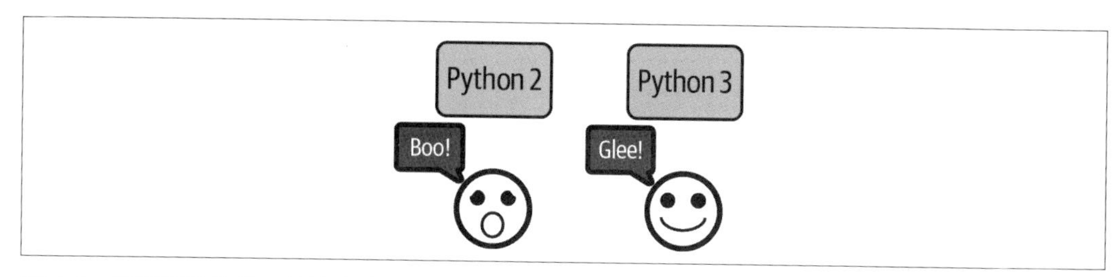

圖 0-6　簡單的助記符，釐清本書需要哪個版本的 Python ！

譯註：Boo!（喝倒彩的聲音）發音類似於 two；Glee!（高興）發音類似於 three。

我們在哪裡

在這個預備章節中，我們熟悉了要開始以測試驅動方式來編寫程式碼所需的工具鏈。我們還學習了如何準備我們的開發環境並驗證它是否處於運作狀態。

現在我們知道了這本書是有關什麼、內容是什麼、其閱讀方式、以及最重要的如何設定我們的工作環境來遵循它之後，我們已經準備好解決我們的問題了，一次發掘一個功能，並藉由測試來進行驅動。我們將在第 1 章開始這一旅程。讓我們開始吧！

第一部分

入門

第 1 章

金錢問題

> 我不關心複雜性的這一面的簡單性，但我會為在複雜性的另一面的簡單性而付出我的生命。
>
> —Oliver Wendell Holmes Jr.

我們的開發環境已經準備好了。在本章中，我們將學習支援測試驅動開發的三個階段。然後，我們將使用測試驅動開發來編寫我們的第一個程式碼功能。

紅－綠－重構：TDD 的積木

測試驅動開發遵循三個階段的過程：

1. 紅（*red*）。我們編寫了一個失敗的測試（包括可能的編譯失敗）。我們執行測試套組來驗證失敗的測試。

2. 綠（*green*）。我們編寫了剛好夠用的生產程式碼來使測試變成綠色的。我們執行測試套組來驗證這一點。

3. 重構（*refactor*）。我們消除了任何程式碼氣味。它們可能是來自於重複、硬編碼（hardcoded）值、或語言慣用語的不當使用（例如，使用冗長的迴圈而不是內建的迭代器）。如果我們在重構期間破壞了任何測試，我們會在退出此階段之前優先將它們恢復為綠色。

這就是紅－綠－重構（RGR）循環，如圖 1-1 所示。這個週期的三個階段是測試驅動開發的基本積木。我們在本書中所開發的所有程式碼都將遵循這個循環。

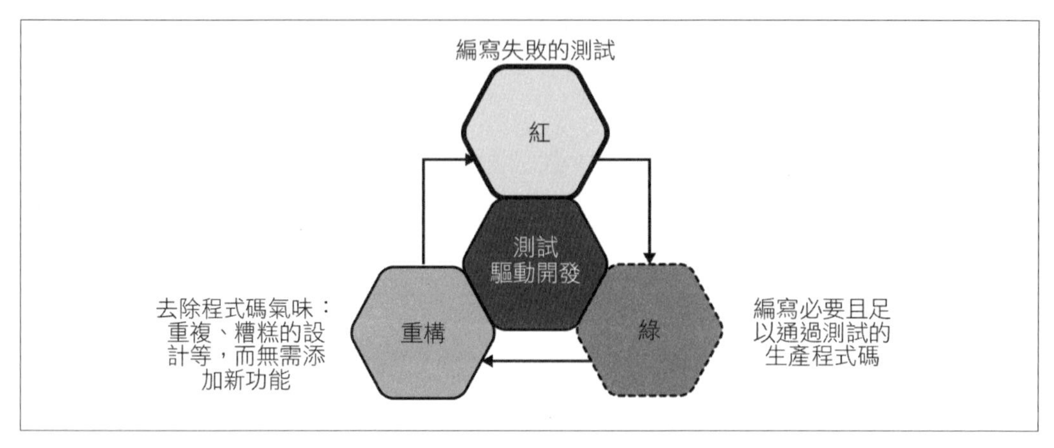

圖 1-1　紅－綠－重構循環是測試驅動開發的基礎

紅－綠－重構循環的三個階段是 TDD 的基本積木。

動作中的 RGR

在本書中，我們將使用 RGR 循環的三個階段。我們會非常謹慎的堅持這個方案，所以先慢慢開始然後再加快速度這件事很重要。在本章中，這三個階段在相關章節中都會有明確的標記。在隨後的章節中，我們將從紅色階段快速並經常無縫的過渡到綠色階段。然後，我們將注意力轉向確定要重構的內容。隨著我們的發展步伐越來越快，過渡過程將變得更加順暢。但是，這三個階段將始終存在著，並且按順序進行。

問題是什麼？

我們有金錢上的問題。不過，不是那個幾乎每個人都有的那種問題：沒有足夠的錢！這會更像是一個“我們想要記錄我們的錢”的問題。

假設我們必須建立一個電子試算表來管理具有一種以上貨幣的資金，例如說是為了管理股票的投資組合。

股票	股票交易所	股數	每股價格	總金額
IBM	NASDAQ	100	124 美元	12400 美元
BMW	DAX	400	75 歐元	30000 歐元
Samsung	KSE	300	68000 韓元	20400000 韓元

要建構這個電子試算表，我們需要對任何一種貨幣的數字進行簡單的算術運算：

5 美元 × 2 = 10 美元

10 歐元 × 2 = 20 歐元

4002 韓元 / 4 = 1000.5 韓元

我們還想在貨幣之間進行轉換。例如，如果兌換 1 歐元給我們 1.2 美元，而兌換 1 美元給我們 1100 韓元的話：

5 美元 + 10 歐元 = 17 美元

1 美元 + 1100 韓元 = 2200 韓元

上述每一個項目都是我們將使用 TDD 實作的一個（很小的）功能。這樣我們已經有幾個功能要實作了。為了幫助我們一次專注於一件事，我們將以**粗體**來突出顯示我們正在開發的功能。當我們完成一個功能時，我們會透過~~劃掉它~~來表達我們對它的滿意。

那麼我們該從何開始呢？如果這本書的標題還不足以構成洩題，那麼我們將從編寫一個測試開始。

我們第一次失敗的測試

讓我們從實作列表中的第一個功能開始：

5 美元 × 2 = 10 美元

10 歐元 × 2 = 20 歐元

4002 韓元 / 4 = 1000.5 韓元

5 美元 + 10 歐元 = 17 美元

1 美元 + 1100 韓元 = 2200 韓元

我們將從編寫一個失敗的測試開始，這對應於 RGR 循環的紅色階段。

Go

讓我們在 go 資料夾中名為 `money_test.go` 的新檔案中編寫我們的第一個測試：

```
package main ❶

import (
    "testing" ❷
)

func TestMultiplication(t *testing.T) { ❸
    fiver := Dollar{ ❹
        amount: 5,
    }
    tenner := fiver.Times(2) ❺
    if tenner.amount != 10 { ❻
        t.Errorf("Expected 10, got: [%d]", tenner.amount) ❼
    }
}
```

❶ 套件宣告

❷ 匯入的 "testing" 套件，稍後會用於 `t.Errorf` 中

❸ 我們的測試方法，它必須以 `Test` 開頭並且有一個 `*testing.T` 引數

❹ 表示 "5 美元" 的結構。`Dollar` 尚未存在

❺ 被測方法：`Times` ——也尚未存在

❻ 將實際值與期望值進行比較

❼ 如果期望值不等於實際值，確保測試會失敗

這個測試函數包含了一些樣板（boilerplate）程式碼。

`package main` 宣告了所有隨後的程式碼都是 `main` 套件的一部分。這是獨立可執行的 Go 程式的一種要求。套件管理（*https://oreil.ly/yvh3S*）是 Go 中的一項複雜功能。第 5 章對此進行了更詳細的討論。

接下來，我們使用 `import` 敘述來匯入 `testing` 套件。這個套件將在單元測試中使用。

單元測試 `function` 是一大堆的程式碼。我們宣告一個代表 "5 美元" 的實體。這是名為 `fiver` 的變數，我們將其初始化為一個結構，其中的 `amount` 欄位 5。然後，我們將 `fiver` 乘以 2。我們期望結果會是 10 美元，也就是一個其 `amount` 欄位必須等於 10 的

變數 tenner。如果不是這種情況，我們會印出一個格式美觀的錯誤訊息，其中包含了實際值（不管是什麼）。

當我們使用 "go test -v." 來執行這個測試時。從 TDD 專案根資料夾中，我們應該得到一個錯誤：

```
... undefined: Dollar
FAIL tdd [build failed]
FAIL
```

要傳達的訊息非常清楚：這是我們第一次失敗的測試！

"go test -v ." 會在當前資料夾中執行測試，"go test -v ./..."[1] 會在當前資料夾和任何子資料夾中執行測試。-v 開關會產生詳盡的輸出。

JavaScript

讓我們在 js 資料夾中名為 test_money.js 的新檔案裡編寫第一個測試：

```
const assert = require('assert'); ❶

let fiver = new Dollar(5); ❷
let tenner = fiver.times(2); ❸
assert.strictEqual(tenner.amount, 10); ❹
```

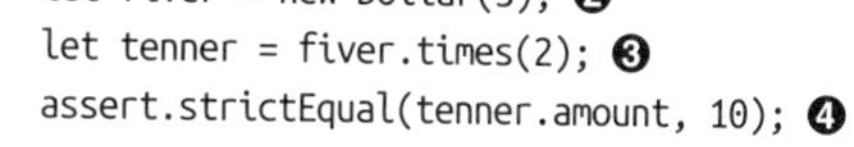

❶ 匯入 assert 套件，在後面的斷言會需要

❷ 代表 "5 美元 " 的物件。Dollar 尚未存在

❸ 被測方法：times ——也尚未存在

❹ 在 strictEqual 斷言敘述中將實際值與期望值進行比較

JavaScript 的樣板程式碼最少——除了測試程式碼之外唯一的一行是 require 敘述。它使我們可以存取 assert NPM 套件。

該行之後是構成我們的測試的三行程式碼。我們建立一個代表 5 美元的物件，將其乘以 2，而我們期望結果會是 10。

[1] "go test -v ./..." 和 "go fmt ./..." 中的三個點要按字面輸入；這些是本書中唯一不代表省略的程式碼的實例！

ES2015 引入了 let（*https://oreil.ly/jBMPk*）關鍵字來宣告變數、還有 const（*https://oreil.ly/GfYQ5*）關鍵字來宣告常數。

當我們使用 node js/test_money.js 從 TDD 專案根資料夾中執行此程式碼時，我們應該會收到如下所示的錯誤：

```
ReferenceError: Dollar is not defined
```

這是我們第一次失敗的測試。萬歲！

node file.js 會執行 file.js 中的 JavaScript 程式碼並產生輸出。我們使用這個命令來執行我們的測試。

Python

讓我們在 py 資料夾中名為 test_money.py 的新檔案裡編寫第一個測試：

```
import unittest ❶

class TestMoney(unittest.TestCase): ❷
  def testMultiplication(self): ❸
    fiver = Dollar(5) ❹
    tenner = fiver.times(2) ❺
    self.assertEqual(10, tenner.amount) ❻

if __name__ == '__main__': ❼
    unittest.main()
```

❶ 匯入 TestCase 超類別（superclass）所需的 unittest 套件。

❷ 我們的測試類別，它必須是 unittest.TestCase 類別的子類別（subclass）。

❸ 我們的方法名稱必須以 test 開頭，才有資格作為測試方法。

❹ 代表“5 美元”的物件。Dollar 尚未存在。

❺ 被測的方法：times ——目前尚未存在。

❻ 在 assertEqual 敘述中將實際值與期望值進行比較。

❼ main 慣用法確保此類別可以作為腳本執行。

Python 需要 `import unittest` 套件、建立一個是 `TestCase` 的子類別的類別、並定義一個名稱以 `test` 開頭的函數。為了能夠將該類別作為獨立程式執行，我們需要在直接執行 `test_money.py` 時，使用會執行 `unittest.main()` 函數的 Python 常見慣用語（*https://docs.python.org/3/library/__main__.html*）。

測試函數描述了我們希望我們的程式碼要如何工作。我們定義了一個名為 `fiver` 的變數，並將其初始化為所需的（但尚未建立的）類別 `Dollar`，並用 `5` 作為建構子函數的參數。然後我們將 `fiver` 乘以 `2` 並將結果儲存在變數 `tenner` 中。最後，我們預期 `tenner` 的 `amount` 會是 `10`。

當我們使用 `python3 py/test_money.py -v`，從 `TDD_PROJECT_ROOT` 資料夾來執行這段程式碼時，我們得到了一個錯誤：

```
NameError: name 'Dollar' is not defined
```

這是我們第一次失敗的測試。萬歲！

`python3 file.py -v` 會執行 `file.py` 中的 Python 程式碼，並產生詳細的輸出。我們使用這個命令來執行我們的測試。

走向綠色

我們編寫了我們的測試，因為我們希望它們能夠運作，暫時忽略所有語法錯誤。這樣做很聰明嗎？

從最開始——也就是我們目前所在的位置——用最少的程式碼開始是明智的，它讓我們走上進步的道路。當然我們的測試失敗了，因為我們還沒有定義 `Dollar` 是什麼。這似乎是說 " 那不然勒！ " 的最佳時機。但是，出於以下兩個原因，我們需要一點耐心：

1. 我們剛剛完成了第一次測試的第一步——變成紅色的。這不僅是開始而已，而是開始的最開始。

2. 我們可以（並且將）隨著我們的進展來加快速度。但是，重要的是要知道我們可以在需要時放慢速度。

RGR 循環的下一個階段是變成綠色的。

很明顯的，我們需要引入一個抽象化（abstraction）的 Dollar。本節定義了如何引入這個和其他的抽象化，以使我們的測試能夠通過。

Go

在 money_test.go 的結尾添加一個空的 Dollar 結構。

```
type Dollar struct {
}
```

當我們現在執行測試時，我們會得到一個新的錯誤：

```
... unknown field 'amount' in struct literal of type Dollar
```

有進步！

錯誤訊息指出我們要在 Dollar 結構中引入一個名為 amount 的欄位。所以就讓我們這麼做吧，目前我們會使用 int 資料型別（這對我們的目標來說已經足夠了）：

```
type Dollar struct {
    amount int
}
```

可以預期的是，添加了 Dollar struct 會使我們遇到下一個錯誤：

```
... fiver.Times undefined (type Dollar has no field or method Times)
```

我們在這裡看到了一種模式：當有一些東西（欄位或方法）未定義時，我們會從 Go 執行時期得到這個 undefined 的錯誤。我們將在未來使用這些資訊來加快我們的 TDD 循環。現在，讓我們添加一個名為 Times 的 function。從我們編寫測試的過程中我們知道，這個函數需要接受一個數字（乘數）並傳回另一個數字（結果）。

但是我們應該如何計算結果呢？我們知道這種基本的算術：如何將兩個數字相乘。但是，如果我們要編寫最簡單的有效程式碼，我們總是要傳回測試所期望的結果，也就是代表 10 美元的結構：

```
func (d Dollar) Times(multiplier int) Dollar {
    return Dollar{10}
}
```

現在當我們執行我們的程式碼時，我們應該會在我們的終端機上得到一個簡短而甜蜜的回應：

```
=== RUN   TestMultiplication
--- PASS: TestMultiplication (0.00s)
PASS
```

這就是那神奇的單字：我們讓測試 PASS 了！

JavaScript

在 `test_money.js` 中，緊隨著 `const assert = require('assert');` 行之後，定義一個名為 `Dollar` 的空類別：

```
class Dollar {
}
```

當我們現在執行 `test_money.js` 檔案時，我們會得到一個錯誤：

```
TypeError: fiver.times is not a function
```

有進步！該錯誤清楚的表明並沒有為了名為 `fiver` 的物件而定義的名為 `times` 的函數。所以讓我們在 `Dollar` 類別中引入它：

```
class Dollar {
    times(multiplier) {
    }
}
```

現在執行測試會產生一個新錯誤：

```
TypeError: Cannot read properties of undefined (reading 'amount') ❶
```

❶ 此訊息來自 Node.js v16； v14 產生的錯誤訊息略有不同

我們的測試需要一個具有 `amount` 屬性的物件。因為我們沒有從我們的 `times` 方法傳回任何東西，所以傳回值是 `undefined`，它沒有 `amount` 屬性（或任何其他屬性，就此而言）。

在 JavaScript 語言中，函數和方法不會外顯式的宣告任何傳回型別。如果我們檢查一個什麼都不傳回的函數的結果，我們會發現傳回值是 `undefined`。

那麼我們應該如何讓我們的測試變成綠色呢？最簡單可行的方法是什麼？如果我們總是建立一個代表 10 美元的物件並傳回它呢？

讓我們試試看吧。我們添加了一個會將物件初始化為給定數量的 `constructor`、和一個會強制建立並傳回 “10 美元 ” 物件的 `times` 方法：

```
class Dollar {
    constructor(amount) { ❶
        this.amount = amount; ❷
    }
```

```
        times(multiplier) { ❸
            return new Dollar(10); ❹
        }
    }
```

❶ 每當建立 Dollar 物件時，都會呼叫 constructor。

❷ 將 this.amount 變數初始化為給定的參數。

❸ times 方法會接受一個參數。

❹ 簡單的實作：總是傳回 10 美元。

當我們現在執行我們的程式碼時，我們應該沒有發生錯誤。這是我們的第一個綠色測試！

因為 assert 套件中的 strictEqual 和其他方法，僅會在斷言失敗時產生輸出，所以測試的成功執行將會非常安靜、沒有輸出。我們將在第 6 章改進這種行為。

Python

由於 'Dollar' is not defined 的緣故，讓我們在 test_money.py 中的 TestMoney 類別之前定義它：

```
class Dollar:
  pass
```

當我們現在執行我們的程式碼時，我們得到一個錯誤：

```
TypeError: Dollar() takes no arguments
```

有進步！錯誤清楚的告訴我們目前沒有辦法初始化帶有任何參數的 Dollar 物件，例如我們程式碼中的 5 和 10。因此，讓我們透過提供盡可能簡短的初始化程式來解決這個問題：

```
class Dollar:
  def __init__(self, amount):
    pass
```

現在我們測試的錯誤訊息發生了變化：

```
AttributeError: 'Dollar' object has no attribute 'times'
```

我們在這裡看到了一種模式：我們的測試仍然失敗，但每次的原因**略有不同**。當我們定義我們的抽象化時——首先是 `Dollar`，然後是 `amount` 欄位——錯誤訊息 “改進” 到下一階段。這是 TDD 的一個特徵：以我們控制的速度穩定進步。

讓我們透過定義一個 `times` 函數、**並且**為它提供能夠達到綠色的最小行為來加快速度。什麼是必要的最小行為？當然囉，就是每次都傳回我們測試所需要的“10 美元”物件啊！

```
class Dollar:
  def __init__(self, amount): ❶
    self.amount = amount ❷

  def times(self, multiplier): ❸
    return Dollar(10) ❹
```

❶ 每當建立 `Dollar` 物件時，都會呼叫 `__init__` 函數。

❷ 將 `self.amount` 變數初始化為給定的參數。

❸ `times` 方法會接受一個參數。

❹ 簡單的實作中限定總是傳回 10 美元。

當我們現在執行我們的測試時，我們會得到一個簡短而甜蜜的回應：

```
Ran 1 test in 0.000s

OK
```

測試應該不會在 `0.000s` 內執行完畢，但我們不要忘記那個神奇的單字 `OK`。這是我們的第一個綠色測試！

清理

您是否對我們在測試中透過硬編碼的“10 美元”來達成綠色而感到困惑呢？不用擔心：重構階段允許我們透過梳理**如何**刪除“10 美元”的硬編碼和重複值來解決這種不適感。

重構是 RGR 循環的第三個也是最後一個階段。此時我們可能沒有多少行程式碼；但是，保持物品整潔和緊湊仍然很重要。如果我們有任何格式混亂或註解掉的程式碼行，現在是清理它們的時候了。

更重要的是需要消除重複並使程式碼可讀。乍看之下，似乎在我們所編寫的 20 行左右的程式碼中，不可能會有任何重複出現。然而，其實已經有一些微妙但重要的重複出現了。

我們可以透過注意到我們程式碼中的幾個怪癖來找到這種重複：

1. 我們已經編寫了足夠的程式碼來驗證“將 5 美元加倍應該得到 10 美元”。如果我們決定改變我們現有的測試，說“將 10 美元加倍應該得到 20 美元”——這種說法同樣合理——我們將不得不同時改變我們的測試和我們的 `Dollar` 程式碼。兩段程式碼之間存在著依賴關係，或**邏輯耦合**（*logical coupling*）。一般來說，應該避免這種耦合。
2. 在我們的測試和程式碼兩者中，都有那個神奇的數字 `10`。我們是從哪裡得出這個數字的？顯然的，我們已經在腦海中做了數學計算。我們意識到將 5 美元加倍應該得到 10 美元。所以我們在測試和 `Dollar` 程式碼中都寫了 `10`。我們應該意識到 `Dollar` 實體中的 `10` 實際上是 `5 * 2`。這種理解將使我們能夠消除這種重複。

重複的程式碼通常是一些潛在問題的症狀：像是缺漏的程式碼抽象化、或程式碼不同部分之間的耦合不良這類的問題。[2]

讓我們來刪除重複，從而擺脫耦合吧。

Go

將 `Times` 函數中的 `10` 替換為等效的 `5 * 2`：

```
func (d Dollar) Times(multiplier int) Dollar {
    return Dollar{5 * 2}
}
```

測試應該仍然是綠色的。

以這種方式來編寫它讓我們意識到所缺少的抽象化。硬編碼的 `5` 實際上是 `d.amount`，而 `2` 則是 `multiplier`。用正確的變數來替換這些硬編碼的數字，給了我們有意義的實作：

```
func (d Dollar) Times(multiplier int) Dollar {
    return Dollar{d.amount multiplier}
}
```

耶！測試仍然通過了，而且我們已經刪除了重複和耦合。

[2] Kent Beck 的觀點值得在這裡引用：“如果依賴是問題，重複就是症狀”。

還有最後的一點清理工作。

在我們的測試中，我們在初始化 `Dollar` 結構時明確的使用了欄位名稱 `amount`。初始化結構時也可以省略欄位名稱，就像我們在 `Times` 方法中所做的那樣。[3] 任何一種風格（使用或不使用外顯式名稱）都可以。但是，保持一致很重要。讓我們更改一下 `Times` 函數來指定欄位名稱：

```
func (d Dollar) Times(multiplier int) Dollar {
    return Dollar{amount: d.amount * multiplier}
}
```

請記住定期的執行 `go fmt ./...` 以修復程式碼中的任何格式問題。

JavaScript

讓我們用等效的 `5 * 2` 來替換掉 `times` 方法中的 `10`：

```
times(multiplier) {
    return new Dollar(5 * 2);
}
```

測試應該仍然是綠色的。

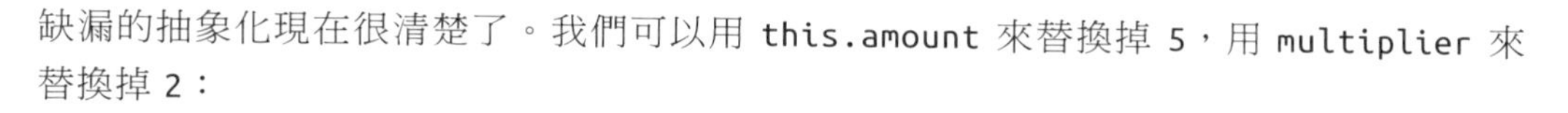

缺漏的抽象化現在很清楚了。我們可以用 `this.amount` 來替換掉 `5`，用 `multiplier` 來替換掉 `2`：

```
times(multiplier) {
    return new Dollar(this.amount * multiplier);
}
```

耶！測試仍然是綠色的，我們已經消除了重複的 `10` 以及耦合。

[3] 如果結構中有多個欄位（目前沒有），則欄位的順序在結構定義和初始化中必須相同，或者必須在結構初始化期間指定欄位名稱。請參閱 *https://gobyexample.com/structs*。

Python

讓我們用等效的 `5 * 2` 來替換掉 `times` 方法中的 `10`：

```
def times(self, multiplier):
  return Dollar(5 * 2)
```

正如預期的那樣，測試會保持綠色。

這揭露了底層的抽象化的真身。`5` 的真身是 `self.amount`，而 `2` 則是 `multiplier`：

```
def times(self, multiplier):
  return Dollar(self.amount * multiplier)
```

萬歲！測試維持綠色，重複和耦合都不見了。

提交我們的變更

我們已經使用 TDD 來完成了我們的第一個功能。為了怕我們忘記，定期將程式碼提交到版本控制儲存庫是非常重要的事。

綠色測試是提交程式碼的絕佳地方。

在殼層視窗中，讓我們輸入以下兩個命令：

```
git add . ❶
git commit -m "feat: first green test" ❷
```

❶ 將所有檔案（包括其中的所有變更）添加到 Git 索引。

❷ 使用給定訊息將 Git 索引提交到儲存庫。

假設所有三種語言的程式碼都儲存在正確的資料夾中，我們應該會得到像下面這樣的訊息。

```
[main (root-commit) bb31b94] feat: first green test ❶
 4 files changed, 56 insertions(+)
 create mode 100644 go/go.mod
 create mode 100644 go/money_test.go
 create mode 100644 js/test_money.js
 create mode 100644 py/test_money.py
```

❶ 十六進位數 `bb31b94` 表示與此提交有關的獨一無二的“SHA 雜湊（hash）”的前幾位數。每個人（以及每次提交）所得到的都會有所不同。

這指出我們所有的檔案都安全的保存在我們的 Git 版本控制儲存庫中。我們可以透過在我們的殼層上執行 `git log` 命令來驗證這一點，它應該會產生類似於以下的輸出：

```
commit bb31b94e90029ddeeee89f3ca0fe099ea7556603 (HEAD -> main) ❶
Author: Saleem Siddiqui ...
Date:   Sun Mar 7 12:26:06 2021 -0600

    feat: first green test ❷
```

❶ 這是第一次提交，帶有完整的 SHA 雜湊。

❷ 這是我們為第一次提交而鍵入的訊息。

重要的是要意識到我們所提交的程式碼的 Git 儲存庫，也駐留在我們的本地檔案系統上（它在我們的 `TDD_PROJECT_ROOT` 下的 `.git` 資料夾中）。雖然這並不能讓我們免於意外的將咖啡濺到我們的電腦上（請務必要蓋好蓋子），但它確實提供了保障，當我們在某個地方糾結時，我們可以回到以前已知的好版本。在第 13 章中，我們會將所有程式碼推送到 GitHub 儲存庫。

我們將在每一章中使用這種將程式碼提交到本地端 Git 儲存庫的策略，並且使用相同的命令集合。

我們將在每一章中使用兩個命令 `git add .` 和 `git commit -m _ 提交訊息 _` 來頻繁的提交我們的程式碼。

唯一不同的是提交訊息，它將遵循語意提交風格，其中包含了對所做變更的簡短單行描述。

本書中的 `git commit` 訊息遵循語意提交風格（*https://oreil.ly/MhE1b*）。

我們在哪裡

本章透過展示第一個紅－綠－重構循環來介紹測試驅動開發。在我們成功實作了第一個小功能之後，讓我們把它劃掉。這是我們在功能列表中的情況：

~~5 美元 × 2 = 10 美元~~

10 歐元 × 2 = 20 歐元

4002 韓元 / 4 = 1000.5 韓元

5 美元 + 10 歐元 = 17 美元

1 美元 + 1100 韓元 = 2200 韓元

在我們繼續進行下一個挑戰之前，讓我們花點時間回顧和品味我們的程式碼。以下重現了所有三種語言的原始碼。您也可以在 GitHub 儲存庫中存取它們。

為了簡潔起見，後續章節將僅列出相對應的分支名稱。

Go

以下是檔案 `money_test.go` 目前的樣子：

```
package main

import (
    "testing"
)

func TestMultiplication(t *testing.T) {
    fiver := Dollar{amount: 5}
    tenner := fiver.Times(2)
    if tenner.amount != 10 {

        t.Errorf("Expected 10, got: [%d]", tenner.amount)
    }
}

type Dollar struct {
    amount int
}

func (d Dollar) Times(multiplier int) Dollar {
    return Dollar{amount: d.amount multiplier}
}
```

JavaScript

以下是 test_money.js 檔案目前的樣子：

```
const assert = require('assert');

class Dollar {
    constructor(amount) {
      this.amount = amount;
    }

    times(multiplier) {
        return new Dollar(this.amount * multiplier);
    }
}

let fiver = new Dollar(5);
let tenner = fiver.times(2);
assert.strictEqual(tenner.amount, 10);
```

Python

以下是 test_money.py 檔案目前的樣子：

```
import unittest

class Dollar:
  def __init__(self, amount):
    self.amount = amount

  def times(self, multiplier):
    return Dollar(self.amount * multiplier)

class TestMoney(unittest.TestCase):
  def testMultiplication(self):
    fiver = Dollar(5)
    tenner = fiver.times(2)
    self.assertEqual(10, tenner.amount)
if __name__ == '__main__':
    unittest.main()
```

本章的程式碼位於 GitHub 儲存庫（*https://github.com/saleem/tdd-book-code/tree/chap01*）中名為 “chap01” 的分支中。每一章中所開發的程式碼都有一個分支。

在第 2 章中，我們將透過建構更多功能來加快速度。

第 2 章

多幣種貨幣

追得快，追得更快（Followed fast and followed faster）

—埃德加．艾倫坡，《烏鴉》

我們在第 1 章中遵循的紅－綠－重構循環是不是有點太慢了？

“哎呀，是的！”這樣的回應（或某些押韻短語）是可以理解的！

測試驅動開發的目標不是強迫我們走得慢或走得快，就此而言。它的目標是允許我們以自己喜歡的速度前進：在可以的時候加快速度，在應該的時候放慢速度。

在本章中，我們將介紹其他貨幣以及以任何貨幣進行乘法和除法的能力。讓我們看看我們是否可以加快腳步。

歐元進場

我們功能列表中的第二項引入了一種新貨幣：

~~5 美元 × 2 = 10 美元~~

10 歐元 ×2 = 20 歐元

4002 韓元 / 4 = 1000.5 韓元

5 美元 + 10 歐元 = 17 美元

1 美元 + 1100 韓元 = 2200 韓元

這指出我們需要一個比我們在前一章中所建立的 `Dollar` 更通用的實體：例如像 `Money` 這樣的東西，它封裝了一個 `amount`（我們已經有了）和一個 `currency`（我們還沒有）。讓我們編寫測試來充實這個新特性。

Go

讓我們在 money_test.go 中編寫一個新的測試。這個測試要求當一個代表 "10 歐元" 的結構被乘以 2 時，我們會得到 "20 歐元"：

```
func TestMultiplicationInEuros(t *testing.T) {
    tenEuros := Money{amount: 10, currency: "EUR"}
    twentyEuros := tenEuros.Times(2)
    if twentyEuros.amount != 20 {
        t.Errorf("Expected 20, got: [%d]", twentyEuros.amount)
    }
    if twentyEuros.currency != "EUR" {
        t.Errorf("Expected EUR, got: [%s]", twentyEuros.currency)
    }
}
```

這個測試使用了包含 currency 和 amount 的結構實例，來表達 "10 歐元" 和 "20 歐元" 的概念。

到目前為止，我們知道當我們執行這個測試時，我們會收到一個錯誤來通知我們 undefined: Money。我們可以透過引入一個新的結構來消除這種情況：

```
type Money struct {
    amount   int
    currency string
}
```

我們現在會得到錯誤 type Money has no field or method Times，而我們知道要如何解決這個問題。我們將為 Money 定義 Times 方法：

```
func (m Money) Times(multiplier int) Money {
    return Money{amount: m.amount * multiplier, currency: m.currency}
}
```

耶！又是綠色測試了。

JavaScript

讓我們編寫一個測試來用 amount 和 currency 表達一個 Money 物件。我們會驗證當代表 "10 歐元" 的物件被乘以 2 時，我們會得到 "20 歐元"。我們在 test_money.js 的最後面定義了這個測試：

```
let tenEuros = new Money(10, "EUR");
let twentyEuros = tenEuros.times(2);
assert.strictEqual(twentyEuros.amount, 20);
assert.strictEqual(twentyEuros.currency, "EUR");
```

到目前為止，我們預計在執行測試時會出現 ReferenceError: Money is not defined 錯誤。我們可以透過引入具有最低期望行為、名為 Money 的新類別來消除這種情況；也就是說，它只具有一個會初始化 amount 和 currency 的 constructor，以及一個將 amount 與給定的 multiplier 相乘的 times 方法，並會傳回一個新的 Money 物件。

```
class Money {
    constructor(amount, currency) {
        this.amount = amount;
        this.currency = currency;
    }

    times(multiplier) {
        return new Money(this.amount * multiplier, this.currency);
    }
}
```

耶！我們的兩個測試現在都是綠色的。

Python

讓我們在 TestMoney 類別中添加一個新的測試。此測試將驗證把代表 “10 歐元” 的物件乘以 2 之後，會得到一個代表 “20 歐元” 的物件：

```
  def testMultiplicationInEuros(self):
    tenEuros = Money(10, "EUR")
    twentyEuros = tenEuros.times(2)
    self.assertEqual(20, twentyEuros.amount)
    self.assertEqual("EUR", twentyEuros.currency)
```

到目前為止，我們預期執行測試時會出現 NameError: name 'Money' is not defined 錯誤。我們知道我們需要一個新的 Money 類別。在這個 Money 類別中使測試變為綠色的最小行為是什麼呢？我們需要一個能夠初始化 amount 和 currency 的 __init__ 方法，以及一個會傳回新的 Money 物件的 times 方法，傳回的這個物件的 amount 是 multiplier 和原來 Money 物件的 amount 的乘積：

```
class Money:
  def __init__(self, amount, currency):
    self.amount = amount
    self.currency = currency

  def times(self, multiplier):
    return Money(self.amount * multiplier, self.currency)
```

耶！我們的兩個測試現在都是綠色的。

保持程式碼 DRY

等一下：我們不是在程式碼中建立了一個可怕的重複嗎？我們為了表達 `Money` 而建立的那個新實體中，包含了我們之前為 `Dollar` 所編寫的內容。這不可能是一件好事。編寫程式碼時經常引用的一條規則是 DRY 原則：不要重複自己（Don't Repeat Yourself）。

回想一下整個紅－綠－重構循環。我們在上一節中所做的事讓我們變成綠色的，但我們還沒有進行必要的重構。讓我們來刪除程式碼中的重複，同時還保持我們的測試是綠色的。

Go

我們意識到 `Money` 結構可以做到 `Dollar` 結構所能做的一切事情，甚至還更多。`Money` 包含了 `currency`，而 `Dollar` 並沒有。

讓我們把 `Dollar` 結構及其 `Times` 方法刪除吧。

當我們這樣做時，`TestMultiplication` 測試可以預期將以 `undefined: Dollar` 錯誤而中斷。讓我們重構這個測試並使用 `Money` 來進行替代：

```
func TestMultiplicationInDollars(t *testing.T) {
    fiver := Money{amount: 5, currency: "USD"}
    tenner := fiver.Times(2)
    if tenner.amount != 10 {
        t.Errorf("Expected 10, got: [%d]", tenner.amount)
    }
    if tenner.currency != "USD" {
        t.Errorf("Expected USD, got: [%s]", tenner.currency)
    }
}
```

現在兩個測試都通過了。請注意，我們將測試重新命名為 `TestMultiplicationInDollars` 以使其更具描述性。

JavaScript

`Money` 類別可以做到 `Dollar` 所能做的一切事情，甚至還更多。這意味著我們可以完全刪除 `Dollar` 類別。

當我們這樣做並執行測試時，我們會得到那個熟悉的錯誤老朋友：`ReferenceError: Dollar is not defined`。讓我們重構第一個測試並使用 `Money` 來代替：

```
let fiver = new Money(5, "USD");
let tenner = fiver.times(2);
assert.strictEqual(tenner.amount, 10);
assert.strictEqual(tenner.currency, "USD");
```

現在兩個測試都通過了。

Python

`Money` 類別的功能是 `Dollar` 類別的超集合。這意味著我們不需要後者了。讓我們來完全刪除 `Dollar` 類別。

完成此操作後，我們會在執行測試時得到熟悉的 `NameError: name 'Dollar' is not defined` 訊息。讓我們重構第一個測試來使用 `Money` 而不是以前的 `Dollar`：

```
def testMultiplicationInDollars(self):
  fiver = Money(5, "USD")
  tenner = fiver.times(2)
  self.assertEqual(10, tenner.amount)
  self.assertEqual("USD", tenner.currency)
```

現在兩個測試都通過了。請注意，我們將測試重新命名為 `TestMultiplicationInDollars` 以使其更具描述性。

我們不是說“不要重複自己”嗎？！

唔…這兩項測試——一項針對美元，一項針對歐元——**非常的**相似。它們的貨幣和金額各不相同，但它們測試的功能幾乎一樣。

程式碼中的重複有多種形式。有時我們會有相同的程式碼行（可能是由“複製貼上（copy pasta）”程式設計所引起的）。在這些情況下，我們需要將共用的程式碼行萃取到函數或方法中。在其他時候，我們會有部分程式碼不相同但在概念上相似的情況。我們的兩個測試就是這種情況。

我們**可以**刪除其中一項測試後仍然對我們的程式碼充滿信心。但是，我們還希望防止程式碼中的意外性迴歸。回想一下，我們的第一個實作使用了硬編碼的數字（`10` 或 `5 * 2`）。讓兩個不同的測試具有不同的值，可以確保我們不會意外的回到那個幼稚的實作。

迴歸（*regression*）——回到原始或較未開發狀態——是編寫軟體的常見主題。進行一系列測試是確保我們在建構新功能時，不會破壞現有功能的可靠方法。

讓我們暫時保留這兩個測試案例。我們將在列表的末尾添加一個項目，指出我們希望消除測試中的冗餘（redundancy）。在我們解決除法之後，我們稍後會重新討論這個項目。

這是我們的功能列表：

~~5 美元 × 2 = 10 美元~~

~~10 歐元 × 2 = 20 歐元~~

4002 韓元 /4 = 1000.5 韓元

5 美元 + 10 歐元 = 17 美元

1 美元 + 1100 韓元 = 2200 韓元

刪除多餘的 `Money` 乘法測試

分而治之（Divide and Conquer）

（譯註：標題中的 divide 亦為除法的意思。依內文語意可翻為 " 征服除法 "）

下一個要求是允許除法。從表面上看，它看起來與乘法非常相似。我們從初級數學中知道，除以 x 等於乘以 $^1/_x$[1]。

讓我們對這個新功能進行測試驅動，看看我們的程式碼會是如何演變的。到目前為止，我們正在進入從失敗的測試開始的那個狀態。作為我們那不斷增長的信心的指標，我們將在測試中引入兩個新內容：

1. 一種新貨幣：韓元（KRW）
2. 帶小數部分的數字（例如 1000.5）

Go

讓我們為除法編寫新的測試。

```
func TestDivision(t *testing.T) {
    originalMoney := Money{amount: 4002, currency: "KRW"}
    actualMoneyAfterDivision := originalMoney.Divide(4)
    expectedMoneyAfterDivision := Money{amount: 1000.5, currency: "KRW"}
    if expectedMoneyAfterDivision != actualMoneyAfterDivision {
        t.Errorf("Expected %+v Got %+v",
            expectedMoneyAfterDivision, actualMoneyAfterDivision)
    }
}
```

[1] $\forall x \neq 0$，亦即只要 x 不為零…感謝所有數學老師所做的一切！

請注意，我們編寫此測試的方式略有不同。我們為兩個結構定義變數：actualMoneyAfterDivision 和 expectedMoneyAfterDivision。我們不是分別比較 amount 和 currency，而是將兩個結構作為一個整體來進行比較。如果結構不匹配，我們會將它們都列印出來。

在 Go 中，用 %+v 格式"動詞（verb）"來列印結構會列印結構的欄位名稱和值。

我們預期當我們執行此測試時，會獲得 type Money has no field or method Divide 錯誤。讓我們仿效現有的 Times 方法來定義這個缺漏的方法：

```
func (m Money) Divide(divisor int) Money {
    return Money{amount: m.amount / divisor, currency: m.currency}
}
```

啊！測試失敗並出現新的錯誤：constant 1000.5 truncated to integer。

很明顯的，我們需要更改 Money 結構中的 amount 欄位，以便它可以保存小數值。float64 資料型別適用於此目的：

```
type Money struct {
    amount   float64
    currency string
}
```

當我們執行測試時，這會給我們帶來新的錯誤：

```
... invalid operation: m.amount multiplier (mismatched types float64 and int)
... invalid operation: m.amount / divisor (mismatched types float64 and int)
```

使用 IDE 可能很有用，因為它無需執行測試即可標記語法錯誤和型別錯誤。

我們需要修改我們的算術運算（乘法和除法），以對所有運算元使用相同的資料型別。從我們的領域知道，乘數和除數可能是整數（股票的股數），而金額可以是小數（特定股票的交易價格）。在我們的算術運算中使用它們之前，讓我們利用這些知識將 `multiplier` 和 `divisor` 轉換為 `float64`。我們可以透過呼叫 `float64()` 函數來做到這一點：

```
func (m Money) Times(multiplier int) Money {
    return Money{amount: m.amount * float64(multiplier), currency: m.currency}
}

func (m Money) Divide(divisor int) Money {
    return Money{amount: m.amount / float64(divisor), currency: m.currency}
}
```

現在我們得到不同的 `wrong type` 失敗：

```
... Errorf format %d has arg tenner.amount of wrong type float64
... Errorf format %d has arg twentyEuros.amount of wrong type float64
```

仔細閱讀錯誤訊息會發現，我們在之前的測試中使用了錯誤的格式"動詞"來列印 `amount` 欄位。由於我們最新的測試 —— `TestDivision` —— 成功的比較了整個 `struct`，我們可以重構我們之前的兩個乘法測試來做類似的事情。這樣，我們將迴避對 `float64` 型別使用不正確格式"動詞"的整個問題。

下面是 `TestMultiplicationInDollars` 在更改其斷言敘述後的樣子（另一個測試 `TestMultiplicationInEuros` 也需要類似的更改）。

```
func TestMultiplicationInDollars(t *testing.T) {
    fiver := Money{amount: 5, currency: "USD"}
    actualResult := fiver.Times(2)
    expectedResult := Money{amount: 10, currency: "USD"}
    if expectedResult != actualResult {
        t.Errorf("Expected [%+v], got: [%+v]", expectedResult, actualResult)
    }
}
```

如果在測試執行期間出現編譯或斷言失敗，請注意錯誤訊息。

在這些更改之後，我們所有的測試都是綠色的。

JavaScript

讓我們在 `test_money.js` 的結尾編寫新的除法測試。

```
let originalMoney = new Money(4002, "KRW")
let actualMoneyAfterDivision = originalMoney.divide(4)
let expectedMoneyAfterDivision = new Money(1000.5, "KRW")
assert.deepStrictEqual(actualMoneyAfterDivision, expectedMoneyAfterDivision)
```

請注意，我們編寫此測試的方式略有不同。我們為這兩個物件定義變數：`actualMoneyAfterDivision` 和 `expectedMoneyAfterDivision`。我們不是分別比較 `amount` 和 `currency`，而是使用 `assert` 中的 `deepStrictEqual` 方法一次比較兩個物件。

在 Node.js 的 `assert` 模組中，`deepStrictEqual` 方法使用 JavaScript 的 `===` 運算子來比較兩個物件及其子物件是否相等。[2]

我們預期在執行此測試時會遇到 `TypeError: originalMoney.divide is not a function` 錯誤。所以讓我們定義這個漏掉的方法，並從現有的 `times` 方法中獲取靈感：[3]

```
class Money {

...

    divide(divisor) {
        return new Money(this.amount / divisor, this.currency);
    }
}
```

耶！測試都是綠色的。JavaScript 的動態型別比使用靜態型別的語言更容易實作此功能（*https://oreil.ly/3bkGT*）。

[2] `===` 運算子會測試被比較的兩個物件的值和型別是否相等。請參閱此 W3Schools 說明文件（*https://oreil.ly/6fTHI*）。

[3] ECMAScript 標準（*https://oreil.ly/1wLGp*）將方法定義為“作為 [物件] 屬性值的函數”。

Python

讓我們在 `TestMoney` 類別中編寫新的除法測試：

```
def testDivision(self):
  originalMoney = Money(4002, "KRW")
  actualMoneyAfterDivision = originalMoney.divide(4)
  expectedMoneyAfterDivision = Money(1000.5, "KRW")
  self.assertEqual(expectedMoneyAfterDivision.amount,
                   actualMoneyAfterDivision.amount)
  self.assertEqual(expectedMoneyAfterDivision.currency,
                   actualMoneyAfterDivision.currency)
```

請注意，我們編寫此測試的方式略有不同。我們為兩個物件定義變數：`actualMoneyAfterDivision` 和 `expectedMoneyAfterDivision`。

我們預期在執行此測試時會遇到 `AttributeError: 'Money' object has no attribute 'divide'` 錯誤。所以讓我們定義這個漏掉的方法，並從現有的 `times` 方法中獲取靈感：[4]

```
def divide(self, divisor):
  return Money(self.amount / divisor, self.currency)
```

耶！測試是綠色的。Python 是一種動態（且強）型別的語言。這使得實作此功能比使用靜態類型的語言更容易（*https://oreil.ly/72qm9*）。

清理

讓我們透過一些大掃除來結束本章，同時保持測試是綠色的。

Go

我們現在有三個帶有三個斷言區塊的測試，每一個都是一個三行的 `if` 區塊。除了每個測試中的變數名稱外，`if` 區塊都是相同的。透過將其萃取到一個輔助函數（我們可以稱之為 `assertEqual`）中，就可以刪除這種重複了。

"萃取方法"或"萃取函數"（*https://oreil.ly/UWNWf*）是一種常見的重構。它涉及把共通的程式碼區塊，用對封裝了這個程式碼區塊一次的新函數 / 方法的呼叫來替換。

[4] Python 標準（*https://oreil.ly/mGhKJ*）將方法定義為"綁定的函數物件"。也就是說，方法總是與物件相關聯，而函數則不然。

```
func assertEqual(t *testing.T, expected Money, actual Money) {
    if expected != actual {
        t.Errorf("Expected %+v Got %+v", expected, actual)
    }
}
```

該函數的主體與既有的三個 `if` 區塊都一樣。我們現在可以在這三個測試中呼叫這個函數。`TestDivision` 函數如下所示：

```
func TestDivision(t *testing.T) {
    originalMoney := Money{amount: 4002, currency: "KRW"}
    actualResult := originalMoney.Divide(4)
    expectedResult := Money{amount: 1000.5, currency: "KRW"}
    assertEqual(t, expectedResult, actualResult)
}
```

我們可以用類似的作法來修改 `TestMultiplicationInEuros` 和 `TestMultiplicationInDollars` 測試。

JavaScript

我們在上次測試中用到的那個使用了 `deepStrictEqual` 的斷言很優雅：它同時比較兩個物件（`actual` 值和 `expected` 值）。我們可以將它用在其他兩個測試上。

當我們這樣做的同時，我們還可以在我們的測試中的這兩行程式碼裡解決一個微妙的假設：

```
let tenner = fiver.times(2);
...
let twentyEuros = tenEuros.times(2);
```

從測試的角度來看，假設將 5 美元或 10 歐元乘以 2 將分別得到 10 美元或 20 歐元，這其實有點放肆。事實上，這正是測試意圖要驗證的東西。我們可以透過對 `times` 方法的呼叫進行內聯（inline）來改進我們的測試，從而省去命名變數的麻煩：

```
let fiveDollars = new Money(5, "USD");
let tenDollars = new Money(10, "USD");
assert.deepStrictEqual(fiveDollars.times(2), tenDollars);
```

"內聯變數（inline variable）"（*https://oreil.ly/pGbUG*）是一種重構，它用直接賦值（通常是匿名）變數來替換命名變數。

我們可以用類似的方式來重構歐元乘法的測試。

Python

比較兩個 `Money` 物件是冗長且乏味的。在我們的測試中，我們反覆驗證 `Money` 物件的 `amount` 和 `currency` 欄位是否相等。能夠在一行程式碼中直接比較兩個 `Money` 物件不是很好嗎？

在 Python 中，物件相等性最終是透過呼叫 `__eq__` 方法來解決。預設情況下，如果要比較的兩個物件的參照指向同一個物件，則此方法會傳回 true。這是對相等性的一個非常嚴格的定義：它意味著一個物件只與自己相等，與其他任何物件都不相等，甚至兩個物件具有相同的內容也一樣。

`__eq__` 方法的預設實作意味著在 Python 中，兩個物件參照當且僅當它們指向同一個物件時才會相等。亦即：相等性是由參照決定的，而不是由值來決定的（*https://oreil.ly/zLUCO*）。

幸運的是，我們不僅可以而且也建議在需要時去覆寫（override）`__eq__` 方法。讓我們在 `Money` 類別的定義中外顯式的覆寫此方法：

```
class Money:

...

  def __eq__(self, other):
    return self.amount == other.amount and self.currency == other.currency
```

定義 `__eq__` 方法後，我們可以用一行程式碼來比較 `Money` 物件。

在重構時，我們還可以解決隱含在我們如何於測試中命名幾個變數的微妙假設：

```
tenner = fiver.times(2)
...
twentyEuros = tenEuros.times(2)
```

從測試的角度來看，把 5 美元或 10 歐元乘以 2 並不能分別得到 10 美元或 20 歐元。事實上，這正是測試存在的目的。我們可以透過進行內聯變數重構以及我們現在可以編寫的單行斷言來改進我們的測試。

這是完整的 `testMultiplicationInDollars`：

```
def testMultiplicationInDollars(self):
  fiveDollars = Money(5, "USD")
  tenDollars = Money(10, "USD")
  self.assertEqual(tenDollars, fiveDollars.times(2))
```

我們外顯式的初始化了 `fiveDollars` 和 `tenDollars`。然後我們驗證了將前者乘以 2 會產生一個等於後者的物件。我們也用一行程式碼完成此事，讓我們的程式碼維持可讀和簡潔。

其他的兩個測試可以用類似的方法進行重構。

提交我們的變更

我們編寫了更多的測試和讓它們變為綠色的相關程式碼。是時候將這些變更提交到我們的本地端 Git 儲存庫了：

```
git add . ❶
git commit -m "feat: division and multiplication features done" ❷
```

❶ 將所有檔案（包括其中的所有變更）添加到 Git 索引。

❷ 使用給定的訊息將 Git 索引提交到儲存庫。

此時，我們的 Git 歷史紀錄中會有兩次提交，我們可以透過檢查 `git log` 的輸出來驗證這一事實：

```
commit 1e43b6e6731407a810601d973c83b406249f4d59 (HEAD -> main) ❶
Author: Saleem Siddiqui ...
Date:   Sun Mar 7 12:58:47 2021 -0600

    feat: division and multiplication features done ❷

commit bb31b94e90029ddeeee89f3ca0fe099ea7556603 ❸
Author: Saleem Siddiqui ...
Date:   Sun Mar 7 12:26:06 2021 -0600

    feat: first green test
```

❶ 我們第二次提交的新 SHA 雜湊，它代表 Git 儲存庫的 HEAD

❷ 我們用於第二次提交的訊息

❸ 我們之前在第 1 章中提交的 SHA 雜湊

我們在哪裡

在本章中，我們建構了第二個功能，除法，並修改了我們的設計以處理帶分數的數字。我們引入了一個 Money 實體，它允許我們將美元和歐元（以及可能的其他貨幣）是如何乘以一個數字的作法合併。我們有幾個通過的測試。在此過程中，我們還清理了我們的程式碼。

根據特定的資料型別和語言，浮點運算可能會導致溢位（overflow）/ 下溢（underflow）問題。如果需要時，這些問題可以透過測試浮出水面，然後再使用 RGR 循環解決。我們還重構了我們的程式碼，使其簡潔而富有表現力。

隨著我們的列表中劃掉了更多功能，我們準備好研究不同貨幣的金額相加——這將在下一章引起我們的注意。

這是我們在功能列表中的位置：

~~5 美元 × 2 = 10 美元~~

~~10 歐元 × 2 = 20 歐元~~

~~4002 韓元 / 4 = 1000.5 韓元~~

5 美元 + 10 歐元 = 17 美元

1 美元 + 1100 韓元 = 2200 韓元

刪除多餘的 Money 乘法測試

本章的程式碼位於 GitHub 儲存庫（*https://github.com/saleem/tdd-book-code/tree/chap02*）中名為 “chap02” 的分支中。

第 3 章

投資組合

省小錢花大錢（Penny wise and dollar foolish）。[1]

—疲憊的諺語（Tired proverb）

我們可以將任何一種貨幣的金額乘上或除以數字。現在我們需要相加多種貨幣的金額。

~~5 美元 × 2 = 10 美元~~

~~10 歐元 × 2 = 20 歐元~~

~~4002 韓元 / 4 = 1000.5 韓元~~

5 美元 +10 歐元 =17 美元

1 美元 + 1100 韓元 = 2200 韓元

刪除多餘的 `Money` 乘法測試

在本章中，我們將處理貨幣的混合模式加法。

設計我們的下一個測試

為了測試下一個功能—— 5 美元 + 10 歐元 = 17 美元——先勾勒出我們的程式將如何的發展是很有啟發性的。和流行的迷思相反，TDD 與軟體設計是相得益彰的！

正如我們的功能列表中所述，該功能說 5 美元和 10 歐元加起來應該會是 17 美元，假設我們是以 1 歐元來兌換 1.2 美元。

[1] 或者另一種講法會讓我的許多親愛的英國朋友皺起眉頭，“Penny wise and pound foolish”！

然而，同樣正確的是：

```
1 EUR + 1 EUR = 2.4 USD
```

或者，很明顯的：

```
1 EUR + 1 EUR = 2 EUR
```

頓悟了！當我們相加兩個（或更多）Money 實體時，其結果可以用任何貨幣來表示，只要我們知道所有牽涉其中的貨幣之間的匯率（也就是從每個 Money 的貨幣變成我們想要表達的結果的貨幣）就好。即使所涉及的所有貨幣都是相同的，這句話還是正確的——就像在上一個例子中一樣，而這只是眾多例子中的一個。

測試驅動開發讓我們有機會在每個 RGR 循環後暫停、並有意的設計我們的程式碼。

我們意識到 " 將美元加至美元中會產生美元 " 是過於簡單化了。一般原則是相加不同貨幣的 Money 實體會給我們一個 Portfolio，然後我們可以用任何一種貨幣來表達它（考慮到貨幣之間的必要匯率）。

我們剛剛好像介紹了一個新的實體：Portfolio？沒錯！讓我們的程式碼反映我們領域的現實至關重要。我們正在編寫程式碼來表達一組股票的持有量，正確的術語是**投資組合**（*portfolio*）。[2]

當我們相加兩個或多個 Money 實體時，我們應該會得到一個 Portfolio。我們可以透過說我們應該能夠以任何特定的 currency，來 evaluate 一個 Portfolio 以擴展這個領域模型。這些名詞和動詞讓我們瞭解程式碼中的新抽象化，而我們將透過測試來驅動它們。

問題領域的分析是發現新實體、關係、功能和方法的有效方式。

鑑於這種新的理解，讓我們先添加一個更簡單的情況，即首先相加兩個**相同貨幣**的 Money 實體，並將多種貨幣的情況延遲到以後：

[2] 除了 "Money" 之外，我們還應該擁有其他實體嗎？可能。但是，"Money" 抽象化滿足了我們當前的需求。到時候我們會在第 11 章再添加一個實體。

~~5 美元 × 2 = 10 美元~~

~~10 歐元 × 2 = 20 歐元~~

~~4002 韓元 / 4 = 1000.5 韓元~~

5 美元 +10 美元 =15 美元

5 美元 + 10 歐元 = 17 美元

1 美元 + 1100 韓元 = 2200 韓元

刪除多餘的 Money 乘法測試

讓我們來建構這個功能：將 Money 實體相加在一起。我們將從一個測試開始，它以相同的貨幣來相加兩個 Money 實體，並使用了 Portfolio 作為一個新的實體。

Go

這是我們的新測試 TestAddition，我們把它添加在 money_test.go 中的現有測試之後：

```
func TestAddition(t *testing.T) {
    var portfolio Portfolio ❶
    var portfolioInDollars Money

    fiveDollars := Money{amount: 5, currency: "USD"}
    tenDollars := Money{amount: 10, currency: "USD"}
    fifteenDollars := Money{amount: 15, currency: "USD"}

    portfolio = portfolio.Add(fiveDollars) ❷
    portfolio = portfolio.Add(tenDollars)  ❸
    portfolioInDollars = portfolio.Evaluate("USD") ❹

    assertEqual(t, fifteenDollars, portfolioInDollars) ❺
}
```

❶ 宣告一個空的 Portfolio 結構

❷ 將 Money 結構添加到 Portfolio 結構

❸ 添加第二個 Money 結構

❹ 評估 Portfolio 結構以獲得 Money 結構

❺ 將評估結果與期望的 Money 結構進行比較

請注意，我們已經明確的宣告了 portfolio 和 portfolioInDollars 變數，以強調它們的型別。當我們繼續進行時，詳細的輸出內容會讓我們清楚發生了什麼事。

當然，在我們目前的簡單案例中，貨幣始終是相同的，因此匯率（還）不是問題。讓我們先學會走才能跑！

到目前為止，我們已經習慣了 undefined: Portfolio 這類的錯誤。讓我們加快速度並實作最簡單的 type Portfolio 以克服這些錯誤。以下是它看起來的樣子，會被添加到 money_test.go 的結尾：

```
type Portfolio []Money

func (p Portfolio) Add(money Money) Portfolio {
    return p
}

func (p Portfolio) Evaluate(currency string) Money {
    return Money{amount: 15, currency: "USD"}
}
```

我們宣告了一個新型別 Portfolio 來作為 Money 結構的切片（slice）的別名。然後我們定義了兩個遺漏的方法：Add 和 Evaluate。這些方法的簽名是藉由我們編寫的失敗測試而建議的。此實作是使測試能夠通過的最少可能的程式碼——包括了 Evaluate 所傳回的“愚蠢的”硬編碼的 Money。

在較早的一輪紅－綠－重構中，我們發現了測試和生產程式碼中的細微重複，並使用它來將“愚蠢”的實作更改為更正確的實作。在此案例中，重複出現在哪裡呢？是的：就是在測試和生產程式碼中的“15”。

我們應該將 Evaluate 方法中硬編碼的 15 替換為 Money 結構中實際加總 amount 的程式碼：

```
func (p Portfolio) Evaluate(currency string) Money {
    total := 0.0
    for _, m := range p {
        total = total + m.amount
    }
    return Money{amount: total, currency: currency}
}
```

嗯…我們的 TestAddition 因斷言失敗而失敗：

```
... Expected {amount:15 currency:USD} Got {amount:0 currency:USD}
```

啊！看來我們正在迭代一個空的切片。我們對 Evaluate 進行了正確的更改，但我們的 Add 方法仍然有一個微不足道的（“愚蠢的”）實作。讓我們也來解決這個問題：

```
func (p Portfolio) Add(money Money) Portfolio {
    p = append(p, money)
```

```
        return p
    }
```

測試現在是綠色的了。

我們發現 `Evaluate` 傳回的 `Money` 結構中的 `currency`，會和該方法的第一個（也是唯一一個）參數所傳入的任何值具有相同的值。這顯然不是正確的實作：它之所以有效，是因為我們的測試使用了兩個具有相同貨幣的 `Money` 結構，然後也使用相同的貨幣來呼叫 `Evaluate`。

我們是否應該嘗試以我們的方式來消除程式碼的這種“愚蠢”行為，或者是使用我們的“重構預算”（現在我們的測試已經是綠色的了）來做到這一點？

沒有通用的答案。TDD 允許**我們自己**定義我們想要走多快。在我們的例子中，我們有充分的理由來延後修復程式碼中的“愚蠢”行為。

我們知道，當我們 `Evaluate` 一個包含了具有不同貨幣的 `Money` 結構的 `Portfolio` 時，我們將不得不使用匯率——這是一個我們尚未定義的概念。我們還知道我們的待辦事項列表上有一個項目—— 5 美元 + 10 歐元 = 17 美元——將迫使我們對這種混合貨幣功能進行測試驅動。因此，我們可以將更改延後一點：就讓“愚蠢”的實作可以活到另一天。或者再活 10 分鐘。

JavaScript

這是我們相加兩個 `Money` 物件的新測試，我們將其添加到 `test_money.js` 的最後面：

```
let fifteenDollars = new Money(15, "USD");
let portfolio = new Portfolio(); ❶
portfolio.add(fiveDollars, tenDollars); ❷
assert.deepStrictEqual(portfolio.evaluate("USD"), fifteenDollars); ❸
```

❶ 宣告一個空的 `Portfolio` 物件

❷ 將具有相同貨幣的多個 `Money` 物件添加到此 `Portfolio` 物件中

❸ 評估相同貨幣的 `Portfolio` 並將結果與預期的 `Money` 物件進行比較

在這個測試案例中，貨幣都是相同的，因此匯率還沒有成為問題。

到目前為止，我們已經習慣了 `ReferenceError: Portfolio is not defined` 之類的錯誤。讓我們加快速度並實作最簡單的 `class Portfolio` 以超越錯誤並快速通過測試：

```
class Portfolio {
    add(money) {
    }
    evaluate(currency) {
        return new Money(15, "USD");
    }
}
```

我們在 `test_money.js` 中已經存在的 `Money` 類別下面，定義了一個新的 `Portfolio` 類別。我們會為它提供我們測試所需的兩種方法：`add` 和 `evaluate`。這些方法的簽名在我們的測試中也很明顯。在 `evaluate` 中，我們實作了讓我們的測試可以通過的快速解決方案：總是傳回一個表達“15 美元”的 `Money` 物件。

在較早的一輪紅－綠－重構中，我們發現了測試和生產程式碼中的細微重複，並使用它來將瑣碎（“愚蠢”）的實作更改為更正確的實作。在本案例中，重複出現在哪裡呢？是的：就是在測試和生產程式碼中都出現的“15”。

現在我們的測試通過了，我們應該將 `evaluate` 方法中硬編碼的 `15`，替換為實際加總 `Money` 物件中 `amount` 的程式碼：

```
    evaluate(currency) {
        let total = this.moneys.reduce( (sum, money) => {
            return sum + money.amount;
          }, 0);
        return new Money(total, currency);
    }
```

我們對陣列使用了 `reduce` 函數（*https://oreil.ly/sDyXq*）。我們宣告了一個匿名函數來將每個 `Money` 物件的 `amount` 相加，從而將陣列 `this.moneys` 縮減為單一純量（scalar）值。然後我們用這個 `total` 和給定的 `currency` 來建立一個新的 `Money` 物件並傳回它。

ES6 陣列是類串列物件（*https://oreil.ly/L0BvQ*），其原型定義了 `map`、`reduce` 和 `filter` 等方法，以促進函數式程式設計風格。

可以預期的是，`evaluate` 函數會導致錯誤：

```
        let total = this.moneys.reduce( (sum, money) => {
                                ^

TypeError: Cannot read properties of undefined (reading 'reduce')
```

讓我們在 `Portfolio` 類別的新 `constructor` 中定義缺漏的 `this.moneys` 陣列：

```
constructor() {
    this.moneys = [];
}
```

添加建構子函數後，我們得到一個有趣的斷言錯誤：

```
AssertionError [ERR_ASSERTION]: Expected values to be strictly deep-equal:
+ actual - expected

  Money {
+   amount: 0,
-   amount: 15,
    currency: 'USD'
  }
```

原來我們正在迭代一個空的陣列。我們的 `evaluate` 方法和 `constructor` 是正確的，但是我們的 `add` 方法仍然是空的。讓我們糾正這個缺點。我們將使用 rest 參數語法（*https://oreil.ly/yo1hG*）來允許同時添加多個 `Money`：

```
add(...moneys) {
    this.moneys = this.moneys.concat(moneys);
}
```

測試現在是綠色的了。

Python

這是我們相加兩個 `Money` 物件的新測試，我們將其附加到 `TestMoney` 類別中不斷增長的測試列表中：

```
def testAddition(self):
  fiveDollars = Money(5, "USD")
  tenDollars = Money(10, "USD")
  fifteenDollars = Money(15, "USD")
  portfolio = Portfolio() ❶
  portfolio.add(fiveDollars, tenDollars) ❷
  self.assertEqual(fifteenDollars, portfolio.evaluate("USD")) ❸
```

❶ 宣告一個空的 `Portfolio` 物件

❷ 向此 `Portfolio` 物件添加多個具有相同貨幣的 `Money` 物件

❸ 以相同貨幣來評估 `Portfolio` 並將結果與期望的 `Money` 物件進行比較

在這個測試案例中，貨幣總是相同的，所以匯率還沒有成為問題。

我們現在已經習慣了像是 `NameError: name 'Portfolio' is not defined` 這樣的錯誤。讓我們加快速度並實作盡可能小的 `class Portfolio`，以超越這些錯誤並通過測試。我們在 `test_money.py` 中的 `Money` 類別定義之後添加新的類別：

```
class Portfolio:
    def add(self, *moneys):
        pass

    def evaluate(self, currency):
        return Money(15, "USD")
```

`Portfolio` 類別有一個無運算（no-op）的 `add` 方法、和一個帶有 "愚蠢" 實作的 `evaluate` 方法，它總是會傳回一個價值 "15 美元" 的 `Money` 物件。程式碼剛好足夠讓測試通過。

在較早的一輪紅－綠－重構中，我們發現了測試和生產程式碼中的細微重複，並使用它來將瑣碎（"愚蠢"）的實作更改為更正確的實作。這裡的重複出現在哪裡呢？是的：就是在測試和生產程式碼中都出現的 "15"。

我們可以將 `evaluate` 方法中硬編碼的 `15`，替換為實際加總 `Money` 物件中 `amount` 的程式碼：

```
import functools ❶
import operator ❷
...
class Portfolio:
...
    def evaluate(self, currency):
        total = functools.reduce(
            operator.add, map(lambda m: m.amount, self.moneys))
        return Money(total, currency)
```

❶ `functools` 套件為我們提供了 `reduce` 函數。

❷ `operator` 套件為我們提供了 `add` 函數。

此程式碼使用 Python 的函數式程式設計慣用法。理解 `total` 是如何得出的最好方法是由內到外來解開運算式：

1. 我們匯入我們需要的套件：`functools` 和 `operator`。
2. 我們使用 lambda 運算式，將 `self.moneys` 陣列 `map` 到只包含每個 `Money` 物件中的 `amount` 的映射。
3. 然後我們使用 `operator.add` 運算將此 `map` `reduce` 為單一純量值。
4. 我們將此純量值指派給名為 `total` 的變數。

5. 最後，我們使用這個 `total` 以及透過第一個（也是唯一一個）參數傳遞給 `evaluate` 方法的 `currency` 來建立一個新的 `Money` 物件。

咻！那一行程式碼真的裝了很多東西！

Python 對函數式程式設計（*https://oreil.ly/WS1Ul*）有豐富的支援，包括 `functools` 套件中的 `map`、`reduce` 和 `filter`，以及客製化編寫的 lambda 函數。

我們還沒有完成：當我們執行測試時，錯誤訊息 `AttributeError: 'Portfolio' object has no attribute 'moneys'` 提醒我們這一點。讓我們添加一個 `__init__` 方法來初始化 `Portfolio` 中缺少的屬性：

```
def __init__(self):
    self.moneys = []
```

這給了我們一個新的錯誤：`TypeError: reduce() of empty sequence with no initial value`。我們意識到兩件事：

1. `Portfolio` 中的 `add` 方法仍然是空運算。這就是為什麼我們的 `self.moneys` 會是一個空陣列。

2. 儘管存在上述問題，我們的程式碼在使用空陣列時應該仍然可以運作。

我們透過更改 `Portfolio` 中的以下程式碼來解決這兩個缺點：

```
def add(self, *moneys):
    self.moneys.extend(moneys)

def evaluate(self, currency):
    total = functools.reduce(
        operator.add, map(lambda m: m.amount, self.moneys), 0) ❶
    return Money(total, currency)
```

❶ `reduce` 的最後一個參數（在我們的例子中為 0）是累加結果的初始值。

我們為 `add` 方法提供了正確的實作：它會對在 `self.moneys` 陣列中任何給定的 `Money` 物件進行累加。我們將初始值 0 添加到對 `functools.reduce` 的呼叫中。這確保了即使存在著空陣列，程式碼還是能正常運作。

現在所有的測試都是綠色的了。

提交我們的變更

我們為相同貨幣的 `Money` 實體實作了加法功能。這為我們下一個提交到本地端 Git 儲存庫的操作建議了適當的訊息：

```
git add .
git commit -m "feat: addition feature for Moneys in the same currency done"
```

現在，我們的 Git 儲存庫中已經有三個提交了。

我們在哪裡

我們開始解決不同 `Money` 表達法的加法問題。這個新功能要求我們在程式碼中引入一個新實體，我們將其命名為 `Portfolio`。`Money` 實體的加法也需要引入匯率。由於這樣要做太多事了，無法一次完成，我們使用分而治之的策略，首先相加兩個 `Money` 實體並評估 `Portfolio` 的價值，而它們全都使用相同的貨幣。這使我們能夠溫和的介紹投資組合的概念和 `Money` 實體的加法。

這種分而治之的策略意味著我們的 `Portfolio` 離完成還很遠。當其中的 `Money` 實體具有不同的貨幣以及評估的貨幣不同時，需要對其進行增強以正確的進行 `evaluate`。

此外，我們不禁注意到，隨著我們增加測試和功能，我們的原始碼正在變長。那並不令人意外！但是，將所有內容都放在一個檔案中有點過長了。我們需要重構我們的程式碼：將測試程式碼與生產程式碼分開會是一個好的開始。

現在，讓我們深吸一口氣，慶祝從我們的功能列表中再劃掉一個項目，然後再拿起下一個項目。

~~5 美元 × 2 = 10 美元~~

~~10 歐元 × 2 = 20 歐元~~

~~4002 韓元 / 4 = 1000.5 韓元~~

5 美元 + 10 美元 = 15 美元

5 美元 + 10 歐元 = 17 美元

1 美元 + 1100 韓元 = 2200 韓元

刪除多餘的 `Money` 乘法測試

本章的程式碼位於 GitHub 儲存庫（*https://github.com/saleem/tdd-book-code/tree/chap03*）中名為 “chap03” 的分支中。

第二部分

模組化

第 4 章

關注點分離

> “關注點分離”…就是我所說的“把注意力集中在某個方面”：這並不意味著忽略其他方面，它只是在公平的看待從這個層面的角度來看，另一個層面是無關的這件事。它同時具有單軌和多軌思維。
>
> — Edsger Dijkstra，“On the Role of Scientific Thought”（*https://oreil.ly/BS8Uv*）

我們的原始碼已經增長了。根據語言的不同，一個原始檔中會有 50 ～ 75 行程式碼。在許多螢幕上，這已經超過一個畫面的大小，當然也超過本書中的印刷頁面大小。

在我們進入下一個功能之前，我們將花一些時間來重構我們的程式碼。這就是本章和接下來三章的主題。

測試和生產程式碼

到目前為止，我們已經編寫了兩種不同類型的程式碼。

1. 解決我們 *Money* 問題的程式碼。這包括了 `Money` 和 `Portfolio` 以及其中的所有行為。我們稱之為生產程式碼（*production code*）。

2. 驗證問題已正確被解決的程式碼。這包括了支援這些測試所需的所有測試和程式碼。我們稱之為測試程式碼（*test code*）。

兩種類型的程式碼有相似之處：它們使用相同的語言、我們快速且連續的編寫它們（透過現在已經熟悉的紅－綠－重構循環）、並且我們將兩者都提交到我們的程式碼儲存庫。但是，兩種類型的程式碼之間還是存在著一些關鍵差別。

單向依賴

測試程式碼必須依賴於生產程式碼——至少依賴於生產程式碼中它所測試的那些部分。但是，在相反方向上應該沒有依賴關係。

目前，每種語言的所有程式碼都放在同一個檔案中，如圖 4-1 所示。因此，要確保從生產程式碼到測試程式碼間沒有出現意外的依賴關係並不容易。從測試程式碼到生產程式碼間存在著內隱式的依賴關係。這有幾個含意：

1. 編寫程式碼時，我們要注意不要在生產程式碼中意外的使用到任何測試程式碼。
2. 閱讀程式碼時，我們要識別用法的樣式，也要注意**缺漏的**樣式，也就是生產程式碼不能呼叫任何測試程式碼這個事實。

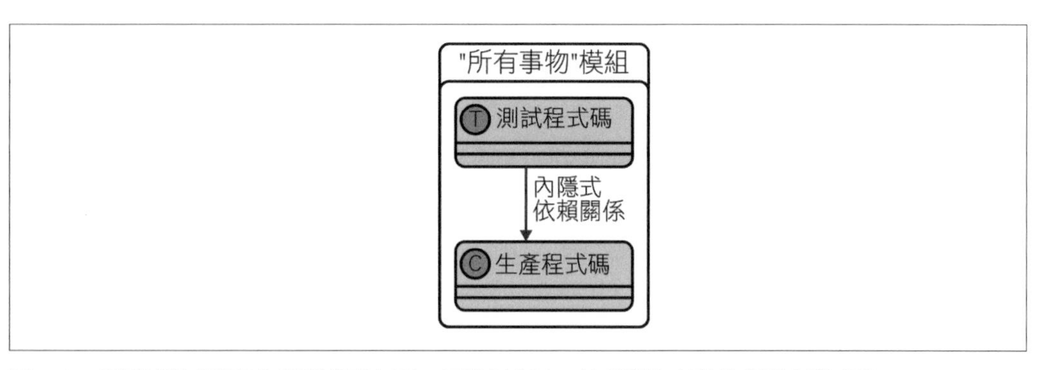

圖 4-1　當測試程式碼和生產程式碼在同一個模組中時，前者對後者的依賴是內隱式的

測試程式碼依賴於生產程式碼；但是，在另一個方向上不應該有依賴關係。

如果生產程式碼依賴於測試程式碼，可能的不良結果是什麼呢？在特別糟糕的情況下，它可能會將我們誤導到一條路徑，其中經過測試的程式碼路徑是 " 未受污染的 "，而未經測試的路徑則充滿了錯誤。圖 4-2 顯示了汽車引擎控制單元的部分虛擬程式碼（pseudocode）。如果我們正在測試引擎的廢氣排放（emission）的合規性時，則程式碼的工作方式會和 " 在現實世界中 " 使用引擎時的程式碼不同。

```
1 if isEmissionsTest:
2     setEngineControlUnitParams(LOW_EMISSIONS_MODE)
3 else:
4     setEngineControlUnitParams(HIGH_PERFORMANCE_MODE)
```

圖 4-2　生產程式碼對測試程式碼的意外依賴，可能會建立行為不同且未經測試的生產程式碼路徑

如果您懷疑"在測試中保持最佳行為"這種明目張膽的案例是否會在現實中發生，那麼我們鼓勵您閱讀福斯（Volkswagen）汽車廢氣排放醜聞，圖 4-2 中的虛擬程式碼就是從中得出的。[1]

具有單向依賴性（生產程式碼不以任何方式依賴於測試程式碼，因此在測試時不易表現出不同的行為）對於確保這種性質的缺陷（無論是偶然的還是惡意的）不會蔓延是很重要的。

依賴注入

依賴注入（*dependency injection*）是一種將物件的建立與它的使用分開的做法。它增加了程式碼的內聚度（cohesion），並減少了它的耦合（coupling）。[2] 依賴注入需要不同的程式碼單元（類別和方法）相互獨立。將測試和生產程式碼分離是促進依賴注入的重要前提。

我們將在第 11 章詳細介紹依賴注入，我們將在那裡使用它來改進程式碼設計。

包裝和部署

當我們包裝（package）應用程式的程式碼以進行部署時，測試程式碼幾乎總是與生產程式碼分開包裝。這允許我們獨立的部署生產和測試程式碼。通常只有生產程式碼會部署在某些"更高"的環境中，例如生產環境。如圖 4-3 所示。

[1] 在福斯的"柴油門"醜聞上，Felix Domke 已經做了很多事。他與人合著了一份白皮書（*https://oreil.ly/Rhsht*）。他還在 Chaos Computer Club 會議（*https://oreil.ly/DA7fd*）上發表了主題演講。

[2] 第 14 章會更詳細的描述了內聚度和耦合。

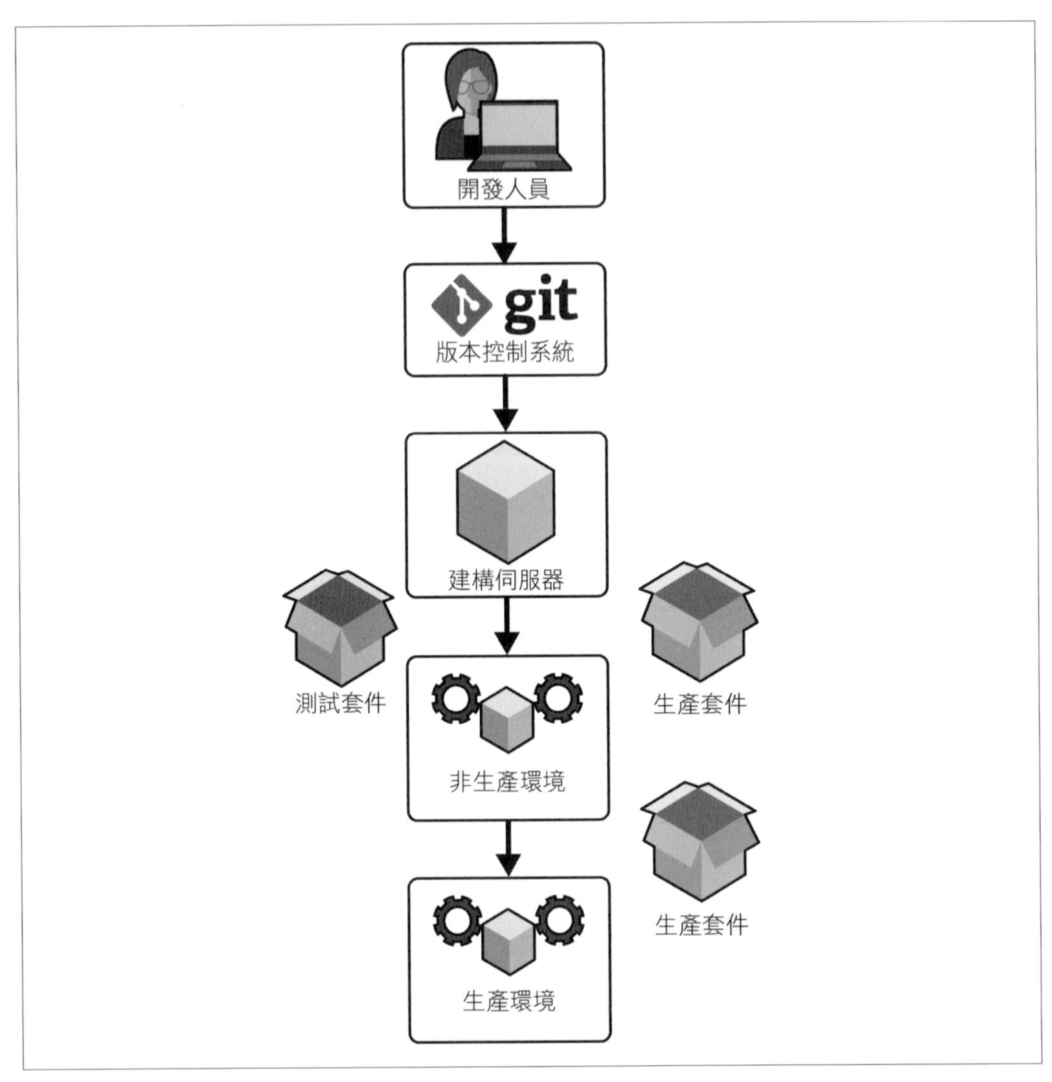

圖 4-3　測試程式碼應與生產程式碼分開包裝，以便它們可以透過 CI/CD 生產線獨立部署

我們將在第 13 章更詳細的描述部署，那時我們將為程式碼建構持續整合的生產線。

模組化

我們要做的第一件事是將測試程式碼與生產程式碼分開。這將需要我們解決在測試程式碼中包含（*include*）、匯入（*import*）或要求（*equire*）生產程式碼的問題。至關重要的是，這應該始終是一種單向依賴關係，如圖 4-4 所示。

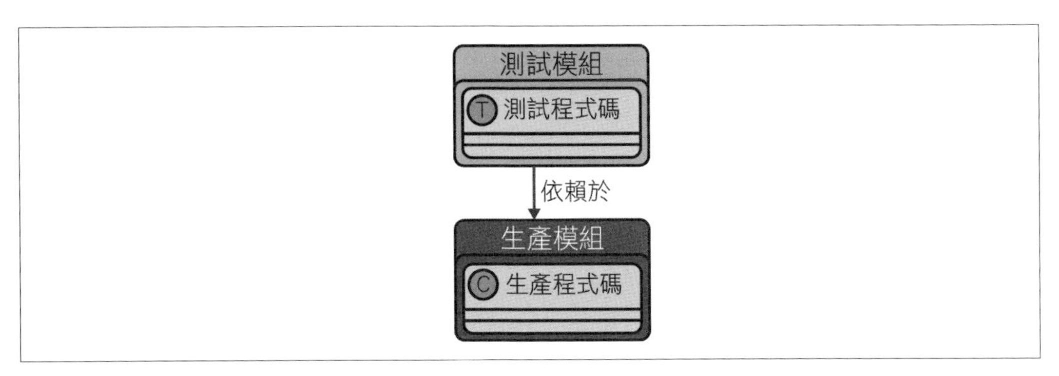

圖 4-4　只有測試程式碼應該依賴於生產程式碼，而不是相反

在實務上，這意味著程式碼應該按照以下方式模組化：

1. 測試和生產程式碼應該放在不同的原始檔中。這使我們能夠獨立的閱讀、編輯和專注於測試或生產程式碼。

2. 程式碼應該使用名稱空間（namespace）來清楚的識別哪些實體是一起的。根據語言不同，名稱空間可以稱為 " 模組 " 或 " 套件 "，根據語言而定。

3. 在可能的情況下，應該有一個明確的程式碼指令—— `import`、`require` 或類似的東西，根據語言而定——來指出一個模組是依賴於另一個模組。這確保了我們可以明確的指定圖 4-1 中所示的依賴關係。

我們還會找機會讓程式碼更具自我描述性。這將包括重新命名以及重新排列實體、方法和變數的順序，以更能反映它們的意圖。

去除冗餘

我們要做的第二件事是從我們的測試中去除冗餘（redundancy）。

我們進行兩個乘法測試已經有一段時間了：一個針對歐元，一個針對美元。它們都測試相同的功能。相比之下，我們卻只有一個除法測試。我們應該同時保留兩個乘法測試嗎？

對這個問題很少有肯定的“是”或“否”的答案。我們可以爭辯說，這兩個測試可以防止我們在進行乘法的程式碼中無意間對貨幣進行硬編碼——這個論點很薄弱，因為我們也有一個除法測試並且它也可能會出現類似的硬編碼貨幣錯誤。

為了使我們的決策更加客觀，這裡有一個列表：

1. 如果我們刪除一個測試，我們會有相同的程式碼覆蓋率嗎？**行覆蓋率**（*line coverage*）是對執行測試時所執行的程式碼行數的度量。在我們的例子中，如果我們刪除任何一個乘法測試，並不會損失覆蓋率。

2. 其中某項測試是否可以驗證重要的邊緣情況？例如，如果我們在其中一個測試中乘以一個非常大的數字，而且我們的目標是確保在不同的 CPU 和作業系統上不會有溢位 / 下溢的話，我們可以保留這兩個測試。然而，這也不是我們的兩個乘法測試所面臨的情況。

3. 不同的測試是否提供了作為活說明文件（living documentation）的獨特價值？例如，如果我們使用超出文數字字元集（alphabet）的貨幣符號（$、€、₩），我們可以說顯示這些不同的貨幣符號為說明文件提供了額外的價值。但是，我們目前使用從同樣的 26 個英文字母中取出的字母作為我們的貨幣（USD、EUR、KRW），因此貨幣之間的差異在說明文件上所提供的價值最小。

行（或敘述）覆蓋率（*line or statement coverage*）、**分支覆蓋率**（*branch coverage*）和**迴圈覆蓋率**（*loop coverage*）是三個不同的度量（*https://oreil.ly/Zs4vN*），用於衡量所給定程式碼被測試的多寡。

我們在哪裡

在本章中，我們回顧了關注點分離和消除冗餘的重要性。這兩個目標將在接下來的三章中引起我們的注意。

讓我們更新我們的功能列表以反映這一點：

~~5 美元 × 2 = 10 美元~~

~~10 歐元 × 2 = 20 歐元~~

~~4002 韓元 / 4 = 1000.5 韓元~~

5 美元 + 10 美元 = 15 美元

將測試程式碼與生產程式碼分開

刪除多餘的測試

5 美元 + 10 歐元 = 17 美元

1 美元 + 1100 韓元 = 2200 韓元

我們的目標很明確。完成這些的步驟（尤其是關注點分離的那第一個目標）將因語言而異。因此，實作將分成以下三章：

- 第 5 章，"Go 中的套件和模組"
- 第 6 章，"JavaScript 中的模組"
- 第 7 章，"Python 中的模組"

請按照對您最有意義的順序來閱讀這些章節。請參閱第 xix 頁的 " 如何閱讀本書 " 以獲得相關指南。

第 5 章

Go 中的套件和模組

> Go 程式是透過將套件鏈接在一起來建構的。一個 Go 套件又是由一個或多個原始檔構成的 ...
>
> —Go 程式語言規範（*https://oreil.ly/YWhHE*）

在本章中，我們將做一些清理 Go 程式碼的事情。我們將查看我們在第 0 章中建立的 Go 模組，並瞭解它在分離程式碼方面的用途。然後我們將使用套件將測試程式碼與生產程式碼分開。最後，我們將從程式碼中刪除一些冗餘，使程式碼變得更緊湊和有意義。

將我們的程式碼分成套件

讓我們首先將測試程式碼與生產程式碼分開。這需要兩個分別的任務：

1. 將測試程式碼與生產程式碼分離。

2. 確保依賴關係僅會發生在從測試程式碼到生產程式碼之間。

我們將 `Money` 和 `Portfolio` 的生產程式碼放在測試程式碼旁邊的檔案中—— `money_test.go`。首先讓我們建立兩個名為 `money.go` 和 `portfolio.go` 的新檔案。我們將把這兩個檔案放在 `$TDD_PROJECT_ROOT/go` 資料夾中。接下來，我們將相關類別 `Money` 和 `Portfolio` 的程式碼移動到相對應的檔案中。以下就是 `portfolio.go` 的樣子：

```
package main

type Portfolio []Money

func (p Portfolio) Add(money Money) Portfolio {
    p = append(p, money)
    return p
```

```
}

func (p Portfolio) Evaluate(currency string) Money {
    total := 0.0
    for _, m := range p {
        total = total + m.amount
    }
    return Money{amount: total, currency: currency}
}
```

這裡沒有顯示出來的檔案 `money.go`，也以類似的方式來包含了 `Money struct` 及其方法。

如果我們現在執行我們的測試，則它們都是綠色的。耶！因為所有東西都在 `main` 套件中，所以我們不需要做任何特別的事情，來從我們的測試中存取 `Portfolio` 和 `Money` 程式碼。特別是，我們不必向我們的測試類別添加任何 `import` 敘述，就像之前我們必須匯入 `testing` 模組那樣。

我們已經將原始碼分成單獨的檔案，但是更高階的程式碼組織呢？我們想將 `Portfolio` 和 `Money` 組合在一個名稱空間中，以指出它們都屬於"股票"市場——這是從我們的領域借來的另一個術語。

在我們進行這種分離之前，讓我們先來看一下模組和套件在 Go 中是如何運作的。

Go 模組

Go 程式通常由多個原始檔組成。每個 Go 原始檔都宣告了它所屬的套件。該宣告位於檔案的第一行程式碼中。對於我們所有的三個原始檔而言，宣告都會是 `package main`，指明我們所有的程式碼當前都是駐留在 `main` 套件中。

一般來說，一個 Go 程式碼儲存庫只會包含一個模組。該模組包含多個套件，每個套件又包含了多個檔案。

模組支援是一個快速發展的特性，也是 Go 中一個非常令人感興趣的話題。本書使用模組模式（*module mode*）（*https://oreil.ly/WyyaQ*），這是 Go v1.13 及以後版本的預設（也是受歡迎的）風格。使用 `GOPATH` 的舊樣式與 Go 模組有很多地方不相容。本書不會使用 `GOPATH` 樣式。

任何必須以應用程式方式來執行的程式——也就是任何帶有 `main()` 函數的檔案——都必須位於 `main` 套件中。`main` 套件中可能還有其他包含結構、函數、型別等的檔案。並且可能還有其他套件。Go 程式的一般結構如圖 5-1 所示。

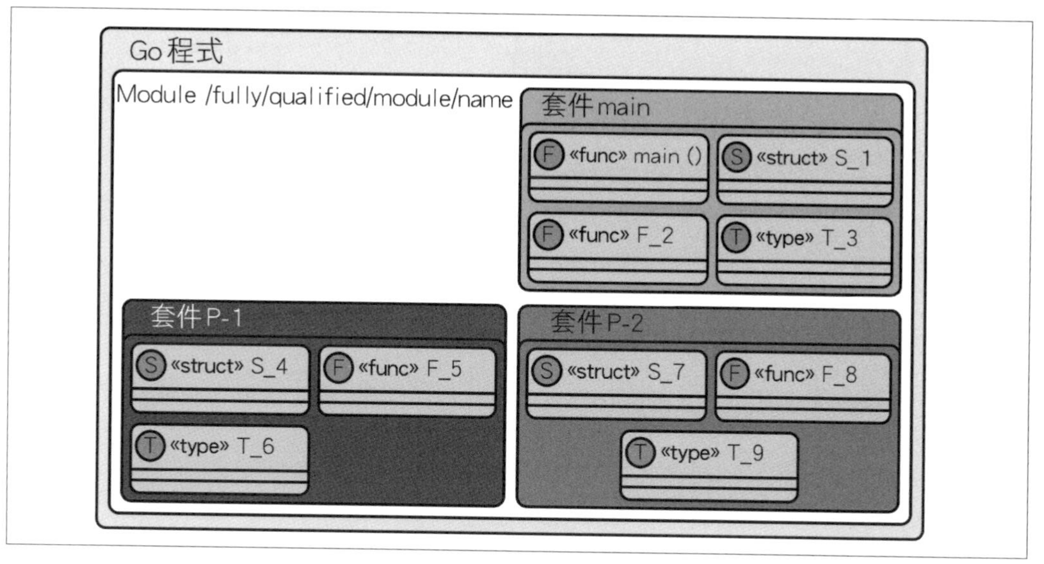

圖 5-1　典型 Go 程式的結構，顯示了程式模組、套件和檔案的層次結構

我們使用 `go test .` 命令來執行我們的測試。我們不需要透過 `go run` 命令來執行任何東西——那會需要 `main` 套件中的 `main()` 方法。這就是為什麼我們在任何地方都沒有 `main()` 方法的原因。

在我們的 `go` 資料夾中我們的程式包含這些（而且只有這些）檔案：

```
go
├── go.mod
├── money.go
├── money_test.go
└── portfolio.go
```

我們在第 0 章中已經透過執行 `go mod init tdd` 命令產生了 `go.mod` 檔案。以下是 `go.mod` 檔案的內容，在此我們十分自豪的顯示全部的內容如下：

```
module tdd

go 1.17
```

這提醒了我們，每次執行測試時，我們的模組都會被命名為 `tdd`。每次成功的測試執行的最後幾行事實上都是相同的：

```
PASS
ok      tdd ... ❶
```

❶ 此處省略的執行時間在實際測試執行時也會顯示。

最後一行中的 `tdd` 並不是對我們新獲得的技能（譯註：也就是 TDD 測試驅動開發）的讚賞（儘管也可以這樣解釋）；它只是在 `go.mod` 檔案的第一行中宣告的模組的名稱。

在這個 `tdd` 模組中，我們所有的程式碼都位於 `main` 套件中。因為所有東西都在同一個套件中，所以並不需要在我們的測試程式碼中 `import` 我們的任何一個類別—— `Money` 或 `Portfolio`。因為位於同一個套件中，因此測試程式碼能夠 " 看到 " 這些類別。我們所需要的唯一 `import` 敘述是 `testing` 套件，以便我們可以存取其中定義的結構 `T`。

圖 5-2 顯示了我們程式碼目前的結構。

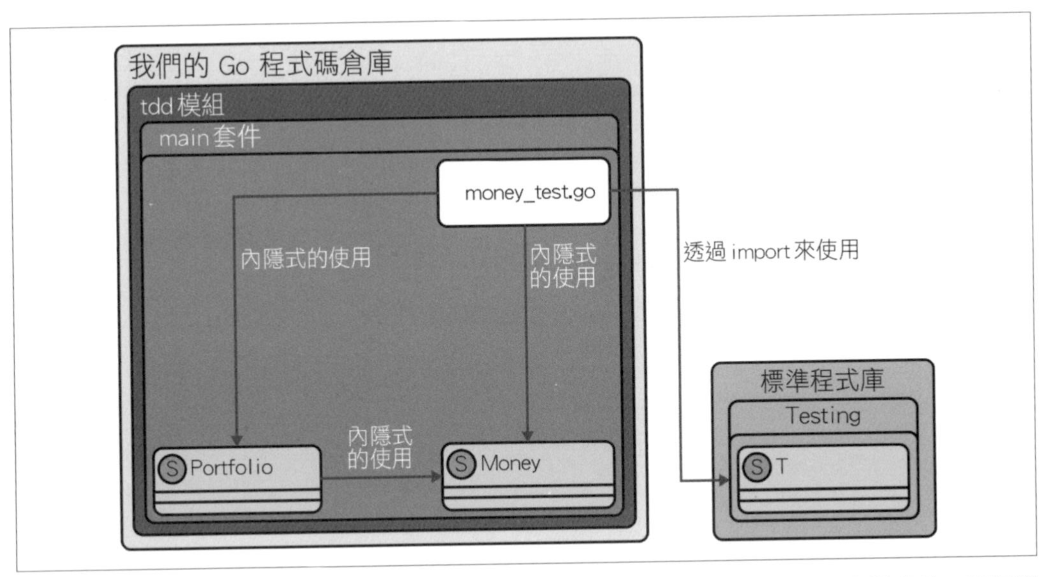

圖 5-2　測試和生產程式碼是放在 `main` 套件中；因此，它們之間的依賴關係是內隱式的，不需要 `import` 敘述

建立套件

我們有分開的原始檔，但我們所有的程式碼仍然在同一個套件中—— `main`。現在讓我們將我們的生產程式碼分離到一個新的套件中。

我們在 `go/src` 資料夾下建立一個名為 `stocks` 的子資料夾，並將檔案 `money.go` 和 `portfolio.go` 移動到裡面。我們的資料夾結構將如下所示：

```
go
├── go.mod
├── money_test.go
└── stocks
    ├── money.go
    └── portfolio.go
```

作為模組中的子資料夾，`stocks` 資料夾具有額外的意義——它也是一個套件。這意味著其中的檔案現在屬於一個名稱也是 `stocks` 的套件。如果我們嘗試從 `go` 資料夾來執行我們的測試，我們可以看到這方面的證據——我們得到一堆 `undefined: Money` 和 `undefined: Portfolio` 錯誤。我們需要修改我們的原始檔以反映新的套件結構。

在 `portfolio.go` 和 `money.go` 中，我們將用正確的套件名稱來替換目前第一行程式碼，也就是 `package main`：

```
package stocks
```

在 `money_test.go` 中，我們為新建立的套件添加了一個匯入敘述，並使用這個套件的完全合格名稱（fully qualified name）：`tdd/stocks`。`test_money` 中的 `import` 部分現在如下所示：

```
import (
    "testing"
    "tdd/stocks"
)
```

套件的完全合格名稱以包含該套件的模組名稱開頭。

嗯…我們還是得到了上次的所有錯誤，外加一個額外的錯誤：`imported and not used: "tdd/stocks"`。事實上，`go test` 工具在印出了一小撮錯誤之後似乎就放棄了，並在最後有禮貌的告訴我們 `too many errors`。正如股市當中說的，事情沒有朝著正確的方向發展！

我們在其中發現了一個提示：我們從一開始就匯入的另一個套件，`testing`，要求我們在引用結構 `T` 之前先為套件名稱添加一個字首。我們需要做一樣的事來參照我們的 `stocks` 資料夾中的結構。由於 `tdd/stocks` 是一個又臭又長的名稱，我們會先給它取一個別名 `s`。

```
import (
    "testing"
    s "tdd/stocks" ❶
)
```

❶ 我們使用 `s` 作為 `tdd/stocks` 套件的別名。

我們將 `test_money.go` 中對 `Money` 和 `Portfolio` 的所有參照都更改為 `s.Money` 和 `s.Portfolio`。例如，以下是 `assertEqual` 方法的簽名：

```
func assertEqual(t *testing.T, expected s.Money, actual s.Money) { ❶
...
}
```

❶ 用 `s`——套件名稱別名——為所有出現的 `Money` 和 `Portfolio` 加上字首

我們做完了嗎？讓我們執行測試看看。

哇！有"太多錯誤"反覆告知我們 `amount` 和 `currency` 已經無法再被存取了：

```
... cannot refer to unexported field 'amount'
        in struct literal of type stocks.Money
... cannot refer to unexported field 'currency'
        in struct literal of type stocks.Money
...
... too many errors
```

看來將 `Money` 結構移動到它自己的套件中會導致參照錯誤，因為 `Money` 的欄位不再於範疇（scope）內發。這時我們應該做什麼？

封裝

這正是我們想要的東西！以前，因為所有程式碼都在同一個（也就是 `main`）套件中，所以其他所有東西都可以自由的存取所有內容。透過將 `Money` 和 `Portfolio` 包裝在 `stocks` 套件中，我們現在不得不考慮封裝（encapsulation）。

我們希望在建立 `Money` 結構時，在它裡面指明 `amount` 和 `currency` 欄位一次就好，但之後將無法修改它們。用軟體術語來說，我們想讓 `Money` 結構不可變（*immutable*）。要這樣做的方法是為 `Money` 提供一些額外的行為：

~~使 `amount` 和 `currency` 只能從 `Money` 結構內部存取，而不是從外部存取~~

建立一個公開的 `New` 函數來初始化 `Money` 結構

我們已經（而且有點不經意的）完成了這份清單上的第一項。讓我們完成另一個。

“不變性”是一個設計格言，它要求實體的狀態只會被定義一次——在它被建立時——並且此後不能被修改。它是函數式程式設計的基石，也是跨程式語言的有用習慣語。

在 `money.go` 檔案中，讓我們添加一個名為 `NewMoney` 的函數。它會接受一個 `amount` 和一個 `currency`，從這兩個值建立一個 `Money` 結構，然後傳回它：

```
func NewMoney(amount float64, currency string) Money {
    return Money{amount, currency}
}
```

請注意，我們可以在 `NewMoney` 中存取 `Money` 結構的欄位，因為此函數與 `Money` 在同一個套件中。

現在讓我們把 `money_test.go` 中所有建立 `Money` 的地方更改為呼叫 `NewMoney`：

```
fiveDollars := s.NewMoney(5, "USD")
```

我們會更改所有地方，特別注意要為所有對 `NewMoney` 的呼叫保持相同的參數值！

在正確更改了所有地方後，我們又回到綠色的測試。太棒了！

一切都十全十美，但還是有一些奇怪之處。我們無法從 `stocks` 套件外部存取 `Money` 結構中的欄位，那麼我們如何能夠成功的比較 `assertEqual` 方法中的不同 `Money` 結構呢？

答案在於 Go 在使用 `==` 和 `!=` 運算子時用來比較兩個不同結構的方式。如果兩個結構的所有對應欄位都相等，那麼這兩個結構會相等。因此，我們可以直接比較 `Money` 結構，而無需從定義了這個結構的套件外部直接存取它們的欄位的能力。

一些 Go 型別，如切片（slice）、映射（map）和函數，本質上是不可比較的，如果我們嘗試比較包含了它們的 Go 結構（*https://oreil.ly/bdftH*）則會引發編譯錯誤。

去除測試中的冗餘

目前我們有兩個乘法測試，一個除法測試和加法測試。

根據第 4 章中給定的標準，讓我們刪除 `TestMultiplicationInDollars`。這樣，我們就會有三個測試，而每個測試針對不同的貨幣。我們將把所剩的乘法測試重新命名為 `TestMultiplication`。

提交我們的變更

我們添加了程式碼並且移動了檔案。將變更提交到 Git 儲存庫在此特別重要：

```
git add .
git commit -m "refactor: moved Money and Portfolio to stocks Go package"
```

輸出應該可以驗證三個檔案都已被更改了：

```
[main b67ab66] refactor: moved Money and Portfolio to stocks Go package
 3 files changed, 75 insertions(+), 71 deletions(-)
 rewrite go/money_test.go (69%) ❶
 create mode 100644 go/stocks/money.go
 create mode 100644 go/stocks/portfolio.go
```

❶ 69% 是相似度指數：也就是檔案未被更改的百分比。

我們在哪裡

我們重新審視了我們在第 0 章中產生的 `tdd` 模組。我們建立了一個名為 `stocks` 的新套件，並將所有生產程式碼移到了這個套件中。以這種方式對程式碼進行切割迫使我們明確的指出，從測試程式碼到生產程式碼的依賴關係——並確保在相反方向上沒有依賴關係。我們還刪除了一項沒有增加太多價值的測試。

圖 5-3 顯示了我們程式碼目前的結構。

本章的程式碼位於 GitHub 儲存庫（*https://github.com/saleem/tdd-book-code/tree/chap05*）中名為 "chap05" 的分支中。

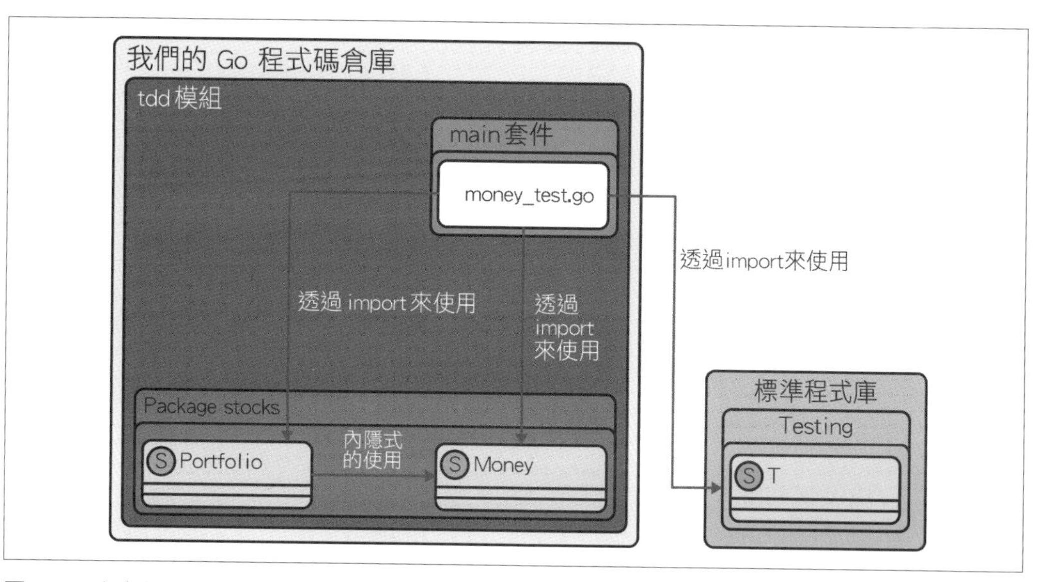

圖 5-3　生產程式碼現在在它自己的套件中；因此，外顯式宣告了從測試程式碼到生產程式碼的依賴關係

第 6 章

JavaScript 中的模組

> 模組是呈現介面但隱藏其狀態和實作的函數或物件。
>
> — Douglas Crockford，《*JavaScript: The Good Parts*》（O'Reilly，2008 年）

在本章中，我們將採取一些措施來清理和改進我們的 JavaScript 程式碼。我們將使用 JavaScript 模組將測試程式碼與生產程式碼分開。用 JavaScript 來編寫模組有很多種方法——我們將研究其中四種不同的風格還有它們對程式碼的適用性。我們將把注意力轉向測試程式碼的組織方式，然後再改進它的執行方式和所產生的輸出。最後，我們將刪除測試中的一些冗餘。看來有很多工作要做，所以就讓我們開始吧！

將我們的程式碼分成模組

讓我們將 `Money` 和 `Portfolio` 類別與測試程式碼分開。我們在和 `test_Money.js` 同一個資料夾中建立了兩個名為 `Money.js` 和 `Portfolio.js` 的新檔案，並將相關程式碼移到那裡。這是我們的新資料夾結構：

```
js
├── Money.js
├── Portfolio.js
└── test_Money.js
```

以下是 `portfolio.js` 的樣子：

```
class Portfolio {
    constructor() {
        this.Moneys = [];
    }

    add(...Moneys) {
```

```
        this.Moneys = this.Moneys.concat(Moneys);
    }

    evaluate(currency) {
        let total = this.Moneys.reduce((sum, Money) => {
            return sum + Money.amount;
        }, 0);
        return new Money(total, currency);
    }
}
```

此處沒有顯示出來的檔案 Money.js，以類似的方式包含了 Money 類別及其方法。

當我們現在透過在 TDD_Project_Root 資料夾中執行 node.js/test_Money.js，來執行我們的測試時，我們會得到我們的老朋友 ReferenceError：

```
ReferenceError: Money is not defined
```

現在，Money 和 Portfolio 類別都在它們自己的檔案中了，我們不再能從測試程式碼中存取它們了。那該怎麼辦呢？

我們從測試程式碼中得到一個提示：我們用 require 敘述來存取 assert 程式庫。那我們可以同時 require Money 和 Portfolio 嗎？

當然可以！但是，在我們這樣做之前，首先必須從它們各自的檔案中匯出這些類別。

在 Money.js 的最後面，讓我們添加一行程式碼來匯出 Money 類別：

```
module.exports = Money;
```

同樣的，我們在 Portfolio.js 檔案的結尾添加一個 module.exports 敘述：

```
module.exports = Portfolio;
```

現在，讓我們在 test_Money.js 的最前面添加兩個 require 敘述：

```
const Money = require('./money');
const Portfolio = require('./portfolio');
```

當我們現在執行測試時會發生什麼呢？我們會再次得到 ReferenceError：

```
.../portfolio.js:14
        return new Money(total, currency);
        ^

ReferenceError: Money is not defined
```

等一下：這個錯誤現在是在 Portfolio.js 檔案中報告出來的。不然咧！ Portfolio 依賴於 Money，所以我們也需要在 Portfolio.js 檔案的最前面指明這個依賴：

```
const Money = require('./money');
```

在進行所有更改之後，我們的測試再次通過。耶！

將我們的程式碼分成模組可以使我們的程式碼的依賴關係樹變得更清晰。圖 6-1 顯示了依賴關係。

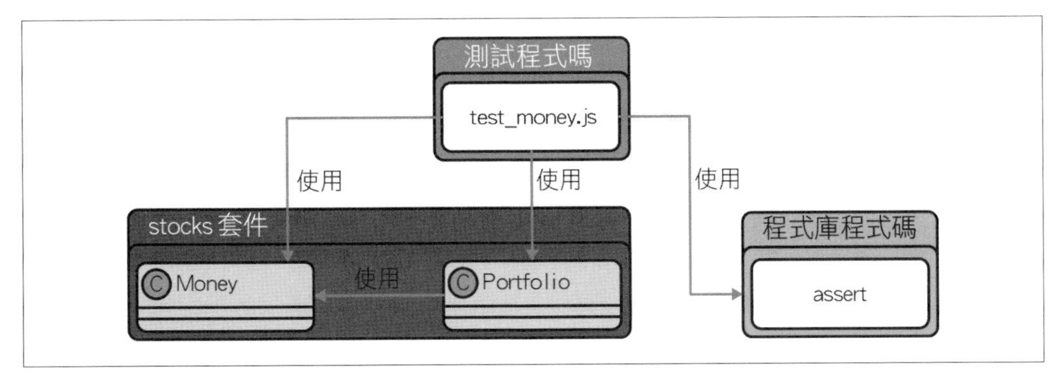

圖 6-1　我們的 JavaScript 程式碼拆分成三個原始檔後的依賴關係圖

深入 JavaScript 模組

模組——被包裝成一個單元以促進重用的程式碼組件——在許多程式語言中是一個很好理解的概念。 JavaScript 也不例外。可能除了有多種方式可以指明和（重新）使用模組之外。

ES5 和早期版本的 ECMAScript 並沒有定義模組。然而，將程式碼模組化的需求非常緊迫且非常實際。因此，隨著時間的推移，出現了不同風格的模組。

CommonJS

CommonJS（*https://oreil.ly/XxydR*）是 Node.js 所偏愛的風格。這也是本章展示的 JavaScript 程式碼中使用的風格。

CommonJS 在每個原始檔（也就是模組）中使用了 `module.exports` 敘述，其中包含了其他模組需要的物件（可以是類別、函數或常數）。然後，在那些其他模組可以使用該依賴物件之前要包含一個 `require` 敘述。雖然 `require` 敘述可以放在第一次使用依賴關係前的任何位置上，但習慣上我們會將所有的 `require` 敘述放在檔案最前面的一個群組中。

非同步模組定義（AMD）

非同步模組定義（asynchronous module definition, AMD）規範（*https://oreil.ly/wvpS9*），顧名思義，可以便於多個模組的非同步載入。這意味著模組可以分別載入（且如果可能的話，一次就載入多個）而不是循序載入（一個接一個載入）。當 JavaScript 程式碼在 Web 瀏覽器中執行時，這種非同步載入是非常可取的，因為它可以顯著提高網頁和網站的回應性。如圖 6-2 所示。

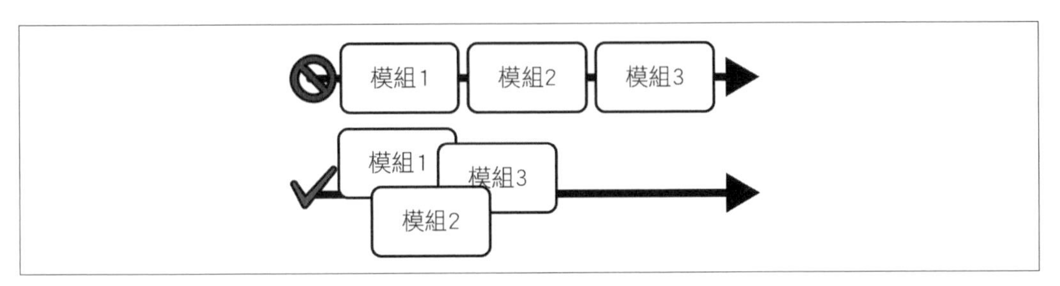

圖 6-2　非同步模組定義允許分別和同時載入模組（圖片來自 *Wikipedia.org*，由 Jle Jloŭ 提供）

Node.js 並沒有以開箱即用的方式支援 AMD。AMD 的一些流行實作是 RequireJS（*https://requirejs.org*）和 Dojo Toolkit（*https://oreil.ly/t0kYT*）。RequireJS 以 Node.js 套件的形式提供，而 Dojo Toolkit 可以透過 Bower（*https://bower.io*）來安裝，它是另一個套件管理系統（類似於 Node.js）。

從上一段中可以看出，將 AMD 移植到 Node.js 應用程式之上可能需要一些工夫。這是因為 Node.js 和 AMD 的設計者針對各自的風格做出了幾個基本決定：

伺服器端模組管理：針對正確性進行了優化

Node.js 的執行時期（runtime）設計是用來在 Web 瀏覽器範圍之外，建構伺服器端應用程式的[1]，它強力支援用於定義模組依賴關係的 CommonJS 風格。CommonJS 確保了模組的確定性（deterministic）載入，這意味著模組可能會要等待其他模組的載入。這件事最好的說明是 Node.js 的 CommonJS 實作是如何確保了即使是循環（cyclical）依賴（通常這是一個糟糕的選擇），也能以可預測的方式被解決（*https://oreil.ly/HNLyS*）。這種等待對於伺服器來說不是很重要，因為還有其他機制可以提高應用程式的效能（例如，無狀態性（statelessness）和水平擴展（horizontal scaling））。

[1] Node.js 上的 "Hello World" 範例是一個 HTTP 伺服器，背叛了它對後端應用程式的偏好（*https://oreil.ly/fddE8*）。

客戶端模組管理：針對速度進行了優化

> AMD 風格針對在瀏覽器中的使用進行了優化，它是圍繞非同步載入的理念而建構的——正如其名！儘快的載入模組對於在 Web 瀏覽器中執行的 JavaScript 程式碼至關重要，因為載入緩慢而導致的任何延遲對於人類使用者來說都是非常明顯的。

由於在伺服器上執行 JavaScript 和在 Web 瀏覽器中執行 JavaScript 的不同需求，這兩模組定義風格（CommonJS 和 AMD）各以不同的方式進行了優化。

本書沒有展示 AMD 這種模組管理風格，因為它的 JavaScript 程式碼是客戶端風格的——它的目標是在 Web 瀏覽器中執行。

通用模組定義（UMD）

通用模組定義（universal module definition, UMD）是一種設計樣式，而不是官方的規範。把它看作是一種社會慣例（例如用右手握手）而不是法律（例如在愛爾蘭的道路要靠左側行駛）。此樣式由兩個部分組成：立即呼叫的函數運算式（immediately invoked function expression, IIFE）和建立模組的匿名函數。這種設計樣式的強固實作版本會考慮不同的程式庫（例如 AMD 或 CommonJS）並匯出對應的函數。使用這種備用功能來實作 AMD 通常會導致更多的程式碼行。下面的程式碼片段顯示了如何使用 UMD 來匯出和匯入 `Money` 類別：[2]

```
// ----------------------------------
// money.js ( 完整檔案 )
// ----------------------------------
(function (root, factory) {
    if (typeof define === "function" && define.amd) {
        define("Money", [], factory);
    } else {
        root.Money = factory();
    }
}(this, function () {
    class Money {
        constructor(amount, currency) {
            this.amount = amount
            this.currency = currency
        }
        times(multiplier) {
            return new Money(this.amount * multiplier, this.currency)
        }
```

[2] 此 UMD 樣式的靈感來自此程式碼範例（*https://oreil.ly/ZQfRl*）。

```
        divide(divisor) {
            return new Money(this.amount / divisor, this.currency)
        }
    };

    return Money;
}));

// -----------------------------------
// test_money.js（範例用法）
// -----------------------------------
const m = require('./money');
let fiveDollars = new m.Money(5, "USD");
```

由於 UMD 樣式會相對冗長，本書會避免使用它。

ESModules

顧名思義，ESModules（*https://oreil.ly/qNbsc*）是 ECMAScript 推動的標準。它在語法上與 CommonJS 相似，但有一些不同。它有一個 `export` 關鍵字，可用來從模組中匯出任何內容——例如，`class`、`var` 或 `function`。`import` 敘述允許依賴的模組匯入和使用它所需要的另一個模組，而不是使用 `require`。

Node.js 已經支援了幾個版本的 ESModules。本書引用的 v14 和 v16 版本則完全支援它。如果不使用預設的 CommonJS 而要使用 ESModules 的話，我們需要執行以下步驟：

1. 將我們的原始檔重新命名為以 `.mjs` 而不是 `.js` 結尾，或者在我們的來源資料夾中添加一個帶有 `{ "type": "module" }` 內容的 `package.json` 檔案。
2. 使用 `export class Money` 等指令來宣告和匯出模組。
3. 使用 `import {Money} from './money.mjs';` 等指令來匯入模組。

以下的程式碼片段展示了如何使用 ESModules。它顯示了檔案被重新命名成以 `.mjs` 結尾（這樣比較簡單，因為它不需要建立 `package.json` 檔案）：

```
// -----------------------------------
// portfolio.mjs（完整檔案）
// -----------------------------------
import {Money} from './money.mjs';

export class Portfolio {
    constructor() {
        this.moneys = [];
    }
    add() {
```

```
        this.moneys = this.moneys.concat(Array.prototype.slice.call(arguments));
    }
    evaluate(currency) {
        let total = this.moneys.reduce( (sum, money) => {
            return sum + money.amount;
          }, 0);
        return new Money(total, currency);
    }
}

// ------------------------------------
// test_money.mjs (僅範例用法)
// ------------------------------------
import * as assert from 'assert';
import {Money} from './money.mjs';
import {Portfolio} from './portfolio.mjs';

let fifteenDollars = new Money(15, "USD");
let portfolio = new Portfolio();
portfolio.add(fiveDollars, tenDollars);
assert.deepStrictEqual(portfolio.evaluate("USD"), fifteenDollars);
```

改進我們的測試

困擾我們測試的最明顯問題是它們具有鬆散、而且幾乎是偶然的結構。測試函數沒有組織，每個測試所使用的資料沒有進行封裝。我們有一個包含了將近兩打敘述的 JavaScript 檔案，其中四個敘述剛好是對 `assert` 方法的呼叫。就這樣。

另一個較小的問題是我們有兩個乘法測試，一個除法測試和一個加法測試。兩個乘法的測試都測試相同的功能，儘管它們使用了不同的貨幣。

JavaScript 有幾個測試程式庫和框架。附錄 B 中描述了其中的一些。正如第 0 章所述，我們會避開所有這些東西，而決定在 Node.js 中使用 `assert` 套件。如果沒有被程式庫或框架所強制的結構，我們要怎麼向程式碼添加結構以使它模組化呢？

特別是，我們想要完成表 6-1 中列出的項目。

表 6-1　我們測試的改進列表

項目	描述
1	刪除兩個乘法測試之一。
2	在一個包含測試方法的類別中組織測試，這些測試方法的名稱反映了每個測試的意圖。
3	允許我們自動執行所有測試方法，包括我們編寫的任何未來的測試。
4	當測試成功執行時產生簡潔的輸出（同時保留當測試失敗時我們已經得到的詳細訊息）。
5	執行所有後續測試，即使之前的測試因為 `AssertionError` 而失敗。

讓我們短暫停留一下來對我們的測試程式碼進行這些改進。更重要的是，我們將使用 TDD 來實作上述目標（這應該不足為奇，因為我們已經大致完成了一本有關於 TDD 的書！）。

去除測試中的冗餘

讓我們首先刪除以美元為單位進行乘法的那行斷言程式碼，請注意**不要**刪除我們的 `Portfolio` 測試需要的那兩個名為 `fiveDollars` 和 `tenDollars` 的變數。讓我們將這些變數往那個測試移近一點。我們現在有了三個測試，以空白行來分開：

```
const assert = require('assert');
const Money = require('./money');
const Portfolio = require('./portfolio');

let tenEuros = new Money(10, "EUR");
let twentyEuros = new Money(20, "EUR");
assert.deepStrictEqual(tenEuros.times(2), twentyEuros);

let originalMoney = new Money(4002, "KRW");
let actualMoneyAfterDivision = originalMoney.divide(4);
let expectedMoneyAfterDivision = new Money(1000.5, "KRW");
assert.deepStrictEqual(actualMoneyAfterDivision, expectedMoneyAfterDivision);

let fiveDollars = new Money(5, "USD");
let tenDollars = new Money(10, "USD");
let fifteenDollars = new Money(15, "USD");
let portfolio = new Portfolio();
portfolio.add(fiveDollars, tenDollars);
assert.deepStrictEqual(portfolio.evaluate("USD"), fifteenDollars);
```

這會是添加一些結構的良好起點。

添加測試類別和測試方法

我們應該如何使用測試驅動開發的原則來修改我們的測試程式碼？

我們有一件事要做：我們現在有了綠色測試。只要我們經常執行測試，我們就可以使用 TDD 來重構我們的生產程式碼或測試程式碼。目前測試的行為是，如果我們沒有得到**任何**輸出，它可能指出以下情況之一：

- 所有測試都成功執行。

或者

- 有一項或多項失敗的測試沒有執行。

這就是為什麼表 6-1 中的第 3 項很重要。

由於沉默≠成功，我們將採用適合我們情況的 TDD 策略，如表 6-2 所示。

表 6-2　修改 RGR 策略以改善我們的測試行為

步驟	描述	RGR 階段
1	在進行任何更改之前**先**執行我們的測試，驗證所有測試是否都通過。	綠色
2	改進我們的測試程式碼，優先考慮讓所有更改都很少。**再次**執行我們的測試，並觀察是否會有任何的失敗發生。	重構
3	如果沒有失敗，我們會**故意**透過修改 assert 敘述來一次一個的中斷我們的測試。我們將**第三次**執行測試以驗證預期的錯誤訊息是否有在輸出中。	紅色
4	當我們對測試在被中斷時確實會產生輸出而感到滿意時，我們會還原故意引入的錯誤。這可以確保測試再次會通過。我們已經準備好重新開始 RGR 循環了。	綠色

請注意，RGR 的三個階段仍然會發生，並且順序保持相同。唯一的區別是，因為我們的測試在通過時是安靜無聲的，所以我們會**故意**在**紅色**階段破壞它們，以確保我們正在取得進展。

在第三步中，我們**故意**中斷測試，這樣看起來很奇怪嗎？此時要適宜的記住測試的目的是什麼，Dijkstra 在《*Software Engineering Techniques*》（*https://oreil.ly/PsRDt*）中恰當的捕捉到了測試的目的：

> 測試顯示存在著臭蟲，而不是不存在著臭蟲。

臨時更改生產程式碼以**故意**中斷單元測試是一個絕妙的技巧。它向我們保證，作為套件的一部分的測試會可靠的執行，並且它確實執行了生產程式碼的特定程式碼行。請記住要還原程式碼，以便測試能夠返回綠色的！

我們將重複表 6-2 中列出的步驟，直到完成表 6-1 中的所有剩餘項目為止。

讓我們在 `test_Money.js` 中添加一個名為 `MoneyTest` 的類別。讓我們也將這三個程式碼區塊分別移動到三個不同的方法中，並將它們分別命名為 `testMultiplication`、`testDivision` 和 `testAddition`。以下是我們新建立的類別的外觀：

```
const assert = require('assert');
const Money = require('./money');
const Portfolio = require('./portfolio');

class MoneyTest {
  testMultiplication() {
    let tenEuros = new Money(10, "EUR");
    let twentyEuros = new Money(20, "EUR");
    assert.deepStrictEqual(tenEuros.times(2), twentyEuros);
  }
  testDivision() {
    let originalMoney = new Money(4002, "KRW")
    let expectedMoneyAfterDivision = new Money(1000.5, "KRW")
    assert.deepStrictEqual(originalMoney.divide(4), expectedMoneyAfterDivision)
  }

  testAddition() {
    let fiveDollars = new Money(5, "USD");
    let tenDollars = new Money(10, "USD");
    let fifteenDollars = new Money(15, "USD");
    let portfolio = new Portfolio();
    portfolio.add(fiveDollars, tenDollars);
    assert.deepStrictEqual(portfolio.evaluate("USD"), fifteenDollars);
  }
}
```

它執行時是如此的安靜，讓我們甚至會懷疑它是否有在執行！讓我們遵循表 6-2 中所描述的修改後的 RGR 循環，並故意破壞其中的一個斷言。在 `testMultiplication` 中，讓我們將 2 更改為 `2000`：

```
    assert.deepStrictEqual(tenEuros.times(2000), twentyEuros);
```

還是沒有任何輸出產生。這證明了我們並沒有執行任何的測試。讓我們在類別中添加一個 `runAllTests()` 方法並在類別外面呼叫它：

```
class MoneyTest {
  testMultiplication() {
...
  }
  testDivision() {
...
  }
```

```
  testAddition() {
...
  }

  runAllTests() {
    this.testMultiplication();
    this.testDivision();
    this.testAddition();
  }
}

new MoneyTest().runAllTests();
```

現在我們從故意中斷的測試中得到了所預期的錯誤：

```
code: 'ERR_ASSERTION',
actual: Money { amount: 20000, currency: 'EUR' },
expected: Money { amount: 20, currency: 'EUR' },
```

記得要將故意中斷的測試恢復到正確的形式。

當我們現在執行我們的類別時，測試就會執行了。我們已經完成了表 6-1 中的第 2 項了。

自動發現和執行測試

我們想建立一種機制，讓我們可以自動發現所有的測試並且執行它們。這可以分為兩部分：

1. 發現我們類別中所有測試方法的名稱（也就是以 `test` 開頭的方法，因為這是我們的命名慣例）。

2. 將這些方法一個接一個執行。

讓我們先處理第 2 部分。如果我們將所有測試方法的名稱放在一個陣列中，我們可以使用標準程式庫中的 `Reflect` 物件來執行它們。

ES6 中的 Reflect 物件（*https://oreil.ly/qrYw7*）提供了 Reflection（反射）能力（*https://oreil.ly/wM6P3*）。它允許我們編寫可以檢查、執行甚至修改自身的程式碼。

讓我們向 MoneyTest 添加一個新方法，它只會傳回一個字串陣列，其中每個字串都是我們的某一個測試方法的名稱：

```
getAllTestMethods() {
  let testMethods = ['testMultiplication', 'testDivision', 'testAddition'];
  return testMethods;
}
```

沒錯，這還不算是我們在第一部分中所說的“發現所有測試方法的名稱”的作法！我們很快就會談到這一點。

我們現在可以在 runAllTests 中呼叫 Reflect.get 和 Reflect.apply，來依次呼叫我們的測試方法：

```
runAllTests() {
  let testMethods = this.getAllTestMethods(); ❶
  testMethods.forEach(m => {
    let method = Reflect.get(this, m); ❷
    Reflect.apply(method, this, []); ❸
  });
}
```

❶ 獲取所有測試方法的名稱。

❷ 透過反射獲取每個測試方法名稱的 method 物件。

❸ 在 this 物件上呼叫不帶參數的測試方法。

我們首先呼叫 getAllTestsMethods 來獲取測試方法名稱。對於每個名稱，我們透過呼叫 Reflect.get 來獲取它的 method 物件。然後我們透過呼叫 Reflect.apply 來呼叫這個 method。Reflect.apply 的第二個參數是呼叫這個 method 的那個物件，也就是 TestMoney 的 this 實例。Reflect.apply 的最後一個參數是呼叫 method 所需的任何參數的陣列——在我們的例子中，它始終會是一個空陣列，因為我們的測試方法都不需要任何參數。

當我們現在執行我們的測試時，它們仍然會執行。根據表 6-2 中描述的策略，故意一個一個的中斷測試會產生預期的錯誤訊息。

我們將注意力轉向第 1 部分：我們正在使用反射來執行我們的測試方法，但我們並沒有自動找到它們的名稱。讓我們來改進我們的 getAllTestMethods 方法，以使它可以發現所有名稱以 test 開頭的方法：

```
getAllTestMethods() {
  let moneyPrototype = MoneyTest.prototype; ❶
  let allProps = Object.getOwnPropertyNames(moneyPrototype); ❷
  let testMethods = allProps.filter(p => {
    return typeof moneyPrototype[p] === 'function' && p.startsWith("test"); ❸
  });
  return testMethods;
}
```

❶ 獲取此 `MoneyTest` 物件的原型。

❷ 獲取 `MoneyTest` 原型上定義的所有屬性（但不是任何繼承的屬性）。

❸ 僅保留名稱是以 `test` 開頭的那些函數，過濾掉所有其餘函數。

`Object.getOwnPropertyNames`（*https://oreil.ly/LAAsj*）方法會傳回一個，包含了在給定物件中能直接找到的所有屬性（包括方法）的陣列。它不會傳回繼承的屬性（*https://oreil.ly/vN029*）。

我們呼叫 `Object.getOwnPropertyNames` 來獲取，為 `MoneyTest.prototype` 定義的所有屬性。為什麼是原型而不是簡單的 `MoneyTest` 呢？這是因為 *JavaScript*（以及 *ES6*）**具有基於原型的繼承**，而不是許多其他語言中的基於類別的繼承。在 `MoneyTest` 類別中宣告的方法實際上會附加到可透過 `MoneyTest` 的 `prototype` 屬性存取的物件上。

ECMAScript 是一種基於原型繼承的語言（*https://oreil.ly/Hxdrj*）。

接下來，我們遍歷 `MoneyTest` 的所有屬性，並選擇所有（而且只有）那些類型為 `function` 且是以 `test` 開頭的屬性。由於我們的命名慣例之故，它們都會是我們的測試方法。我們會傳回這個包含了測試方法名稱的陣列。

執行我們的測試可以驗證所有測試確實仍在執行。我們透過故意破壞它們中的每一個，並觀察出現的斷言失敗來驗證這一點。這是表 6-1 中的前三項所要完成的。

測試成功執行時產生輸出

在本節中，當我們完成表 6-1 中描述的項目時，我們不得不故意中斷測試以驗證它們是否仍在執行，因為我們有對 `test_Money.js` 進行了更改。這是表 6-2 中所描述的修改後的 RGR 循環。如果我們在成功時得到一個簡短的輸出，而不是我們目前在測試為綠色時所擁有的絕對沉默，那就太好了（在某個地方可以找到一個有關 "Soylent Green" 笑話！）。

讓我們在 `runAllTests` 方法中添加一個簡單的輸出行，以在執行之前印出每個測試的名稱：

```
runAllTests() {
    let testMethods = this.getAllTestMethods();
    testMethods.forEach(m => {
        console.log("Running: %s()", m); ❶
        let method = Reflect.get(this, m);
        Reflect.apply(method, this, []);
    });
}
```

❶ 在呼叫它之前印出方法的名稱。

現在，當我們執行測試時，即使測試是綠色的，我們也會收到一條簡短而有意義的訊息：

```
Running: testMultiplication()
Running: testDivision()
Running: testAddition()
```

即使早期的測試斷言失敗也執行所有測試

當我們遵循表 6-2 中描述的修改後的 RGR 循環時，我們注意到當我們故意中斷先執行的測試（例如，`TestMultiplication`）時，隨後的測試根本不會執行。這可能會產生誤導，因為第一個失敗的測試可能不是唯一失敗的測試。在測試驅動程式碼時，重要的是要意識到任何更改所產生的廣泛影響，而不是讓我們只專注於第一個出現的問題這個短視觀點。

我們希望我們的測試類別會執行*所有的*測試，即使其中一個或多個測試失敗了。

第一次斷言失敗會停止測試執行的原因是，我們沒有處理所拋出的 `AssertionError`。我們可以捕獲 `AssertionError` 並將它們記錄到控制台。讓我們在 `runAllTests` 方法中的 `Reflect.apply`，呼叫周圍添加一個 `try ... catch` 區塊來做到這一點：

```
runAllTests() {
  let testMethods = this.getAllTestMethods();
  testMethods.forEach(m => {
    console.log("Running: %s()", m);
    let method = Reflect.get(this, m);
    try { ❶
      Reflect.apply(method, this, []);
    } catch (e) {
      if (e instanceof assert.AssertionError) { ❷
        console.log(e);
      } else {
        throw e; ❸
      }
    }
  });
}
```

❶ 在 `try ... catch` 區塊中包圍方法的呼叫。

❷ 僅記錄 `AssertionError`。

❸ 重新拋出所有其他錯誤。

我們捕獲了所有錯誤了。但是，我們只會將 `AssertionError` 輸出到控制台；我們會把剩下的重新拋出（我們並不想無意中干擾到其他錯誤，例如我們已經看到的 `TypeError` 和 `ReferenceError`）。

在此更改之後，我們每次執行 `MoneyTest` 時都會執行所有的測試。例如，當我們故意中斷 `testMultiplication` 時，其他測試—— `testDivision` 和 `testAddition` ——在斷言錯誤之後也會成功執行。

```
Running: testMultiplication()
AssertionError [ERR_ASSERTION]: Expected values to be strictly deep-equal:
+ actual - expected

  Money {
+   amount: 20,
-   amount: 2000,
    currency: 'EUR'
  }
...
Running: testDivision()
Running: testAddition()
```

太甜美了！我們已經完成了表 6-1 中的所有項目。

提交我們的變更

我們添加了新檔案並重新分配了程式碼。這是將變更提交到本地端 Git 儲存庫的最佳時機：

```
git add .
git commit -m "refactor: created Money and Portfolio modules; improved tests"
```

輸出應該會驗證我們的更改：

```
[main 5781251] refactor: created Money and Portfolio modules; improved tests
 3 files changed, 84 insertions(+), 50 deletions(-)
 create mode 100644 js/money.js
 create mode 100644 js/portfolio.js
 rewrite js/test_money.js (95%) ❶
```

❶ 95% 是相似度指數：檔案未更改的百分比。

我們在哪裡

在本章中，我們透過為 `Money` 和 `Portfolio` 建立模組來分離我們的程式碼。這種分離允許我們明確指定我們的依賴關係，並確保不會有從生產程式碼到測試程式碼間的依賴關係。

在 JavaScript 中可用的幾種模組定義風格和標準中，我們選擇了 CommonJS 風格——這是 NodeJS 應用程式的預設風格。展望未來，我們將在本書的其餘部分保留這種模組定義風格。

我們還看到了如何在我們的程式碼中採用 UMD 和 ESModules 風格。

我們透過引入測試類別、測試方法和自動執行所有測試的機制來改進測試的組織。現在，測試在通過（簡潔）和失敗（詳細）時產生輸出。我們還確保所有測試都能執行，即使其中一些測試由於斷言錯誤而提前失敗。最後，我們透過刪除冗餘乘法測試來清理我們的程式碼。

本章的程式碼位於 GitHub 儲存庫（*https://github.com/saleem/tdd-book-code/tree/chap06*）中名為 "chap06" 的分支中。

第 7 章

Python 中的模組

模組是包含 Python 定義和敘述的檔案。

— The Python Tutorial（*https://oreil.ly/NiHEn*）

在本章中，我們將做一些事情來改進 Python 程式碼的組織。我們將使用模組將測試程式碼與生產程式碼分開。我們將看到 Python 中的範疇和匯入規則，是如何幫助我們確保程式碼中的依賴關係是正確的。最後，我們還會從程式碼中刪除冗餘的測試，使程式碼變得緊湊和有意義。

將我們的程式碼分成模組

我們在和測試程式碼同一個檔案中也包含著 `Money` 和 `Portfolio` 的生產程式碼。我們需要將此程式碼分成單獨的原始檔。

讓我們先在和 `test_money.py` 相同的資料夾中建立兩個名為 `money.py` 和 `portfolio.py` 的新檔案。我們的資料夾結構如下所示：

```
py
├── money.py
├── portfolio.py
└── test_money.py
```

我們將 `Money` 和 `Portfolio` 類別的程式碼分別移至 `money.py` 和 `portfolio.py` 中。以下的程式碼區段顯示了程式碼重新定位後的 `portfolio.py` 的完整內容：

```
import functools
import operator

class Portfolio:
    def __init__(self):
        self.moneys = []

    def add(self, *moneys):
        self.moneys.extend(moneys)

    def evaluate(self, currency):
        total = functools.reduce(operator.add,
                                 map(lambda m: m.amount, self.moneys), 0)
        return Money(total, currency)
```

請注意，我們將兩個 `import` 敘述與 `Portfolio` 類別的程式碼放在一起，因為 `Portfolio` 使用了 `functools` 和 `operator`。

檔案 `money.py`（這裡沒有顯示）同樣包含了 `Money` 類別及其方法。

當我們現在執行我們的測試時，我們會得到我們的老朋友 `NameError`，它是從我們的測試中產生的：

```
  File "/Users/saleemsiddiqui/code/github/saleem/tdd-project/py/test_money.py",
        line 22, in testAddition
    fiveDollars = Money(5, "USD")
NameError: name 'Money' is not defined
```

我們意識到測試類別會同時依賴於 `Money` 和 `Portfolio`，所以我們在 `test_money.py` 的最前面添加了這些 `import` 敘述：

```
from Money import Money
from Portfolio import Portfolio
```

啊——我們現在從 `Portfolio` 中得到了 `NameError: name 'Money' is not defined`！快速瀏覽一下 `portfolio.py` 會發現它也依賴於 `Money`。因此，我們將 `from money import Money` 添加到 `portfolio.py` 的最前面，這樣所有測試都變為綠色的。耶！

移動程式碼並添加 `import` 敘述會讓我們程式碼的依賴關係樹更清晰。圖 7-1 顯示了我們程式碼的依賴關係圖。

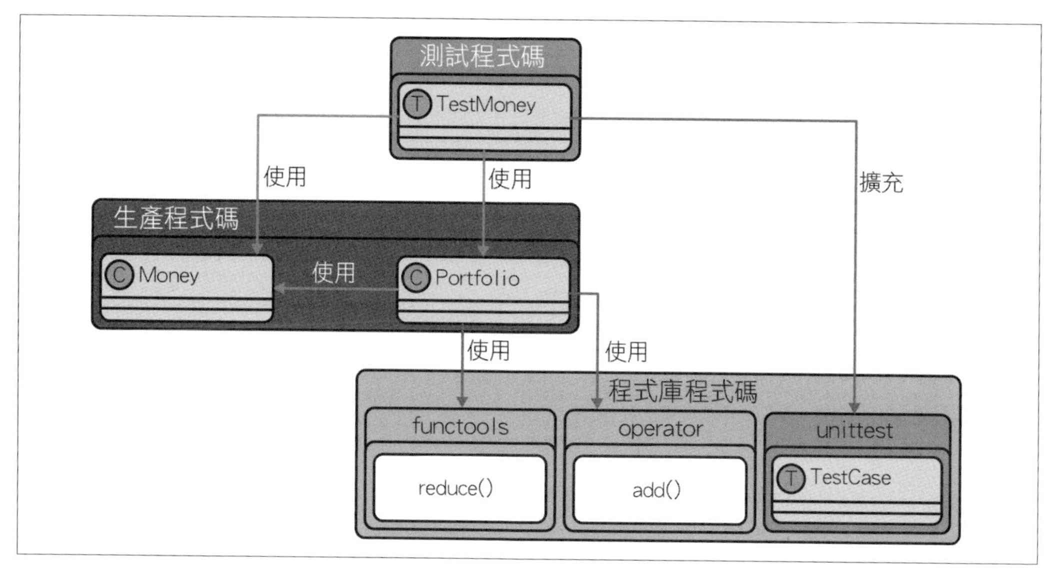

圖 7-1 我們的 Python 程式碼拆分成三個原始檔後的依賴關係圖

去除測試中的冗餘

我們目前有兩個乘法測試，一個除法測試和一個加法測試。兩個乘法測試會測試 `Money` 類別中的相同功能。這是我們可以避免的一種重複。讓我們刪除掉 `testMultiplicationInDollars`，並將另一個乘法測試的名稱縮短為 `testMultiplication`。由此產生的對稱性——針對三個功能（乘法、除法和加法）的三個測試，其中每個測試又使用了不同的貨幣（分別為歐元、韓元和美元）——既緊湊又優雅。

提交我們的變更

我們添加了幾個新檔案並把程式碼分割到其中。這是將變更提交到本地端 Git 儲存庫的特別合適的時機：

```
git add .
git commit -m "refactor: moved Money and Portfolio classes their own Python files"
```

這兩個命令的輸出應該能夠驗證我們的更改：

```
[main c917e7c] refactor: moved Money and Portfolio classes their own Python files
 3 files changed, 30 insertions(+), 33 deletions(-)
 create mode 100644 py/money.py
 create mode 100644 py/portfolio.py
```

我們在哪裡

在本章中，我們將 `Money` 和 `Portfolio` 分離到它們自己的原始檔中，而在 Python 中，這就是使它們成為自己的模組。這種分離確保了從測試程式碼到生產程式碼的依賴關係是明確的，並且在相反方向上沒有依賴關係。

我們還刪除了一個無關的測試，從而簡化了我們的程式碼。

本章的程式碼位於 GitHub 儲存庫（*https://github.com/saleem/tdd-book-code/tree/chap07*）中名為 "chap07" 的分支中。

第三部分

功能和重新設計

第 8 章

評估投資組合

錢本身不會不見或出現。它只是從一種感知轉移到另一種感知。就像魔術一樣。

— Gordon Gekko，華爾街（電影）

我們已經玩弄了如何將 `Portfolio` 中的幾個 `Money` 實體，轉換為單一 `currency` 的問題。我們不要再繼續蹉跎了！

我們的列表中的下一個功能是處理混合貨幣的功能：

~~5 美元 × 2 = 10 美元~~

~~10 歐元 × 2 = 20 歐元~~

~~4002 韓元 / 4 = 1000.5 韓元~~

~~5 美元 + 10 美元 = 15 美元~~

~~將測試代碼與生產代碼分開~~

~~刪除多餘的測試~~

5 美元 +10 歐元 =17 美元

1 美元 + 1100 韓元 = 2200 韓元

混合貨幣

貨幣的異質性組合要求我們在程式碼中建立一個新的抽象化：將金錢從一種貨幣轉換為另一種貨幣。這需要建立一些關於貨幣轉換的基本規則，這些規則來自我們的問題領域：

轉換總是與一對貨幣相關。

這很重要，因為我們希望所有轉換都是獨立的。在現實中確實會發生多種貨幣與一種貨幣"掛鉤"的情況——這意味著特定的匯率在法律上是固定的。[1] 即使在這種情況下，將每個掛鉤關係視為不同的貨幣配對也很重要。

轉換是利用明確的匯率從一種貨幣轉換到另一種貨幣。

匯率（我們用一個單位的"來源"貨幣所獲得的"目的"貨幣的單位數量）是貨幣轉換的關鍵組成部分。匯率由小數表達。

一對貨幣之間的兩種匯率可能是也可能不是彼此的算術倒數。

例如：歐元對美元的匯率，可能是也可能不是美元對歐元匯率的數學倒數（也就是 1/x）。

一種貨幣可能對另一種貨幣沒有明確的匯率。

這可能是因為兩種貨幣中的一種是不可轉換的貨幣。[2]

既然貨幣轉換涉及到以上所有的考慮，我們應該如何實作呢？答案是：一次針對一個測試驅動場景！

我們將從測試功能列表中的下一項裡所列出的場景開始：從歐元到美元的轉換。這將幫助我們搭好"轉換"方法的鷹架和設定從歐元到美元的單一匯率。因為匯率是單向的，我們將把這個特定的匯率表示為"歐元→美元"。

從這種情況開始意味著我們可能會在我們的功能列表中添加更多項目。沒關係——以有節制的速度取得受控制的進展並不是一件壞事！

Go

讓我們在 `money_test.go` 中編寫新的測試來表達美元和歐元的加法：

```
func TestAdditionOfDollarsAndEuros(t *testing.T) {
    var portfolio s.Portfolio
```

[1] 有關貨幣掛鉤的經濟討論，請參閱 Investopedia（*https://oreil.ly/MLoWf*）。

[2] 貨幣不可轉換的原因有很多：經濟、政治或軍事（https://oreil.ly/1IKVM）。

```
    fiveDollars := s.NewMoney(5, "USD")
    tenEuros := s.NewMoney(10, "EUR")
    portfolio = portfolio.Add(fiveDollars)
    portfolio = portfolio.Add(tenEuros)

    expectedValue := s.NewMoney(17, "USD") ❶
    actualValue := portfolio.Evaluate("USD")

    assertEqual(t, expectedValue, actualValue)
}
```

❶ 期望值 17 美元是假設我們每兌換 1 歐元就能得到 1.2 美元。

該測試建立了兩個分別代表 5 美元和 10 歐元的 `Money struct`。它們被添加到新建立的 `Portfolio struct` 中。以美元為單位來評估 `Portfolio` 所得到的 `actualValue` 會與 17 美元的 `expectedValue struct` 進行比較。

測試如預期的失敗：

```
... Expected {amount:17 currency:USD} Got {amount:15 currency:USD}
```

這驗證了我們已經知道的事情：`evaluate` 方法只是簡單的將所有 `Money struct` 的金額（我們的測試中的 5 和 10）相加以獲得結果，而不管它們涉及的貨幣（在我們的測試中為美元和歐元）。

我們需要的是**先**將每個 `Money` 的金額換算成目的貨幣，然後再相加：

```
    for _, m := range p { ❶
        total = total + convert(m, currency)
    }
```

❶ 在 `Evaluate` 方法中

我們應該如何編寫 `convert` 方法呢？最簡單的方法是在貨幣匹配時傳回 `amount`，否則就乘以我們測試所需的轉換率：

```
func convert(money Money, currency string) float64 { ❶
    if money.currency == currency {
        return money.amount
    }
    return money.amount * 1.2 ❷
}
```

❶ `Portfolio.go` 檔案中的新函數

❷ 硬編碼的匯率

測試變為綠色的，但我們的程式碼似乎有些不對勁！具體來說：

1. 匯率是硬編碼的。它應該被宣告為一個變數。

2. 匯率並沒有依賴於貨幣。應該要根據所涉及的兩種貨幣來進行查找。

3. 匯率應該是可以修改的。

讓我們先解決第一個問題並將其他兩個加到我們的功能列表中。我們在 `convert` 方法中定義了一個名為 `eurToUsd` 的變數並使用它：

```
func convert(money Money, currency string) float64 {
    eurToUsd := 1.2 ❶
    if money.currency == currency {
        return money.amount
    }
    return money.amount * eurToUsd ❷
}
```

❶ 匯率被定義為一個適當命名的變數。

❷ 用匯率變數來轉換貨幣。

測試仍然是綠色的。

JavaScript

讓我們先在 `MoneyTest` 中添加一個新測試來測試美元和歐元的加法：

```
testAdditionOfDollarsAndEuros() {
  let fiveDollars = new Money(5, "USD");
  let tenEuros = new Money(10, "EUR");
  let portfolio = new Portfolio();
  portfolio.add(fiveDollars, tenEuros);
  let expectedValue = new Money(17, "USD"); ❶
  assert.deepStrictEqual(portfolio.evaluate("USD"), expectedValue);
}
```

❶ 17 美元的期望值來自假設我們每兌換 1 歐元就能得到 1.2 美元。

此測試建立了兩個 `Money` 物件，分別代表 5 美元和 10 歐元。它們被添加到 `Portfolio` 物件中。用美元來評估 `Portfolio` 所得到的值會與表達 17 美元的 `Money` 物件進行比較。

測試如預期般失敗了：

```
AssertionError [ERR_ASSERTION]: Expected values to be strictly deep-equal:
+ actual - expected
  Money {
+   amount: 15,
-   amount: 17,
    currency: 'USD'
  }
```

我們預期會出現這種失敗，因為 `evaluate` 方法目前的實作，只是簡單的把所有 `Money` 物件的 `amount` 屬性相加，而不管它們的貨幣是什麼。

我們需要先將每個 `Money` 的金額換算成目的貨幣，然後再求其總和：

```
evaluate(currency) {
    let total = this.moneys.reduce((sum, money) => {
        return sum + this.convert(money, currency);
    }, 0);
    return new Money(total, currency);
}
```

`convert` 方法應該要怎麼做呢？目前，最簡單的實作是在貨幣匹配時傳回 `amount`，否則就將金額乘以我們測試所需的轉換率：

```
convert(money, currency) { ❶
    if (money.currency === currency) {
        return money.amount;
    }
    return money.amount 1.2; ❷
}
```

❶ `Portfolio` 類別中的新方法

❷ 硬編碼的匯率

測試現在是綠色的。有進步，但並非一切都是令人滿意的。特別是：

1. 匯率是硬編碼的。它應該被宣告為一個變數。

2. 匯率不依賴於貨幣。應該要根據所涉及的兩種貨幣來進行查找。

3. 匯率應該是可以修改的。

讓我們立即解決其中的第一個問題，並將其他的加進我們的功能列表中。

我們定義了一個名為 eurToUsd 的變數，並在我們的 convert 方法中使用它：

```
convert(money, currency) {
    let eurToUsd = 1.2; ❶
    if (money.currency === currency) {
        return money.amount;
    }
    return money.amount * eurToUsd; ❷
}
```

❶ 匯率被定義為一個適當命名的變數。

❷ 匯率變數被用來轉換貨幣。

所有測試都是綠色的了。

Python

讓我們在 test_money.py 中編寫一個新的測試來驗證將美元和歐元相加：

```
def testAdditionOfDollarsAndEuros(self):
    fiveDollars = Money(5, "USD")
    tenEuros = Money(10, "EUR")
    portfolio = Portfolio()
    portfolio.add(fiveDollars, tenEuros)
    expectedValue = Money(17, "USD") ❶
    actualValue = portfolio.evaluate("USD")
    self.assertEqual(expectedValue, actualValue)
```

❶ 17 美元的期望值來自假設我們每兌換 1 歐元就能得到 1.2 美元。

該測試建立了兩個分別代表 5 美元和 10 歐元的 Money 物件。它們被添加到原始的 Portfolio 物件中。以美元為單位來評估 Portfolio 所得到的 actualValue 會與新生成的 17 美元的 expectedValue 進行比較。

當然，我們預期測試會失敗，因為我們正處於 RGR 循環的紅色階段。但是，斷言失敗的錯誤訊息相當神秘：

```
AssertionError:
    <money.Money object at 0x10f3c3280> != <money.Money object at 0x10f3c33a0>
```

到底誰知道在那些晦澀的記憶體位址裡住著什麼神秘的妖精！

這是一個我們必須放慢速度並在嘗試達到綠色之前編寫更好的失敗測試的時機。我們可以讓斷言敘述印出更有用的錯誤訊息嗎？

與 unittest 套件中的大多數其他斷言方法一樣，assertEqual 方法採用了可選的第三個參數，它是一則客製化的錯誤訊息。讓我們提供一個格式化字串，顯示 expectedValue 和 actualValue 的字串化表達法：

```
self.assertEqual(
    expectedValue, actualValue, "%s != %s" % (expectedValue, actualValue)
) ❶
```

❶ testAdditionOfDollarsAndEuros 測試方法的最後一行

不！這只會將含糊不清的記憶體位址列印兩次：

```
AssertionError:
    <money.Money object at 0x1081111f0> != <money.Money object at 0x108111310> :
    <money.Money object at 0x1081111f0> != <money.Money object at 0x108111310>
```

我們需要做的是覆寫 Money 類別中的 __str__ 方法，並使其傳回更易讀的表達法，例如 “USD 17.00”。

```
def __str__(self): ❶
    return f"{self.currency} {self.amount:0.2f}"
```

❶ 在 Money 類別中

我們格式化 Money 的 currency 和 amount 欄位，並將後者列印到小數點後兩位。

添加 __str__ 方法後，讓我們再次執行我們的測試套件：

```
AssertionError: ... USD 17.00 != USD 15.00
```

啊，好多了！ 17 美元和 15 美元當然不一樣！

Python 的 F- 字串（F-string）內插提供了一種簡潔明瞭的方式，來格式化包含固定的文本和變數的字串。F- 字串在 PEP-498（*https://oreil.ly/2n7xJ*）中定義，並且自 3.6 版以來一直是 Python 的一部分。

這驗證了我們的信念，也就是目前實作的 evaluate 方法，會盲目的將所有 Money 物件的金額（在我們的測試中為 5 和 10）相加以獲得結果，而不考慮它們的貨幣（在我們的測試中分別為美元和歐元）為何。

對 evaluate 方法的仔細檢查顯示，這種盲目性是存在於 lambda 運算式中。它將每個 Money 物件映射到它的 amount，而不管其貨幣為何。然後，reduce 函數使用 add 運算子將這些金額相加。

如果 lambda 運算式將每個 Money 物件映射到它轉換後的值會怎樣呢？轉換的目的貨幣將是評估 Portfolio 時所使用的貨幣：

```
total = functools.reduce(
    operator.add, map(lambda m: self.__convert(m, currency), self.moneys), 0
) ❶
```

❶ 在 Portfolio.evaluate 方法中

Python 沒有真正的 " 私有（private）" 變數或函數範疇。它的命名慣例以及稱為 " 名稱修飾（name mangling）" 的東西確保了帶有兩個前導底線的名稱會被視為私有的（*https://oreil.ly/SSu9D*）。

我們應該如何實作 __convert 方法呢？轉換為與 Money 相同的 currency 是一件小事：在這個情況下，Money 的金額不會改變。當轉換成不同的貨幣時，我們會將 Money 的金額乘以（目前）美元和歐元之間的硬編碼匯率：

```
def __convert(self, aMoney, aCurrency): ❶
    if aMoney.currency == aCurrency:
        return aMoney.amount
    else:
        return aMoney.amount * 1.2 ❷
```

❶ Portfolio 類別中的新方法

❷ 硬編碼的匯率

測試是綠色的。耶…咦！我們應該進行重構以消除這段程式碼的醜陋之處。這裡有一些問題：

1. 匯率是硬編碼的。它應該被宣告為一個變數。

2. 匯率不依賴於貨幣。應該要根據所涉及的兩種貨幣來進行查找。

3. 匯率應該是可以修改的。

讓我們在**重構**階段解決這三個項目中的第一個，並將剩餘的兩個加進到我們的功能列表中。

我們在 `__init__` 方法中定義了一個名為 `_eur_to_usd` 的私有變數，並使用它來代替 `__convert` 方法中的硬編碼值：

```
class Portfolio:
    def __init__(self):
        self.moneys = []
        self._eur_to_usd = 1.2 ❶
...
    def __convert(self, aMoney, aCurrency):
        if aMoney.currency == aCurrency:
            return aMoney.amount
        else:
            return aMoney.amount * self._eur_to_usd ❷
```

❶ 匯率被定義成一個適當命名的變數。

❷ 匯率變數用於轉換貨幣。

所有測試都是綠色的。

提交我們的變更

我們首次實作了兩種不同貨幣之間的貨幣轉換，在此就是美元→歐元。讓我們將變更提交到本地端 Git 儲存庫：

```
git add .
git commit -m "feat: conversion of Money from EUR to USD"
```

我們在哪裡

針對美元轉換歐元的場景，我們已經解決了 `Money` 實體不同幣種的轉換問題。然而，我們在這樣做的時候有一點偷工減料。轉換僅能適用於一種特定情況（美元→歐元）。此外，我們無法添加或修改匯率。

讓我們更新我們的功能列表，刪除已完成的項目並添加新項目：

~~5 美元 × 2 = 10 美元~~

~~10 歐元 × 2 = 20 歐元~~

~~4002 韓元 / 4 = 1000.5 韓元~~

~~5 美元 + 10 美元 = 15 美元~~

~~將測試代碼與生產代碼分開~~

~~刪除多餘的測試~~

~~5 美元 + 10 歐元 = 17 美元~~

1 美元 + 1100 韓元 = 2200 韓元

根據所涉及的貨幣確定匯率（來源→目的）

允許修改匯率

本章的程式碼位於 GitHub 儲存庫（*https://github.com/saleem/tdd-book-code/tree/chap08*）中名為 "chap08" 的分支中。

第 9 章

貨幣，貨幣，無處不在

> 小小的改變，小小的奇蹟——這些是我耐力的貨幣，最終也是我生命的貨幣。
>
> — Barbara Kingsolver

以下是我們在 `Portfolio` 中對於 `Money` 實體的評估功能的目前狀態：

1. 當把某一種貨幣的 `Money` 轉換為相同的貨幣時，直接傳回 `Money` 的 `amount`。這是正確的作法：任何貨幣對本身的匯率都是 1。
2. 在其他情況下，將 `Money` 的 `amount` 乘以一個固定數字（1.2）。這在十分有限的意義上是正確的：此匯率只確保了從美元到歐元的轉換是正確的。我們無法修改此匯率或指定任何其他的匯率。

我們的貨幣轉換程式碼正確的完成了一件事，而且也幾乎正確的完成了另一件事。是時候讓它在這兩種情況下都能正常運作了。在本章中，我們將介紹（終於！）使用特定貨幣匯率將貨幣從一種貨幣轉換為另一種貨幣的作法。

製作事物的雜湊（圖）

我們需要的是一個雜湊圖（hashmap），它允許我們在給定“來源”貨幣和“目的”貨幣的情況下查找匯率。雜湊圖將是我們經常在銀行和機場的貨幣兌換櫃檯，看到的匯率表的表達法，如表 9-1 所示。

表 *9-1.* 匯率表

來源	目的	匯率
歐元	美元	1.2
美元	歐元	0.82
美元	韓元	1100
韓元	美元	0.00090
歐元	韓元	1344
韓元	歐元	0.00073

要閱讀此表，請使用以下模式：給定“來源”貨幣的金額，乘以“匯率”，得到“目的”貨幣的等值金額。

如第 8 章所述，任何一對貨幣的相互匯率都**不是**算術倒數。[1] 讓我們用一個例子來說明這一點：根據表 9-1 中給出的匯率，如果我們將 100 歐元換算成美元再換回到歐元，我們將得到 98.4 歐元，而不是我們開始時的 100 歐元。這在匯率表中很常見；這是銀行賺錢的一種方式！[2]

我們功能列表中的接下來幾個項目，使我們有機會在程式碼中建構匯率表的實作。我們將透過引入一種新貨幣來做到這一點：

~~5 美元 × 2 = 10 美元~~

~~10 歐元 × 2 = 20 歐元~~

~~4002 韓元 / 4 = 1000.5 韓元~~

~~5 美元 + 10 美元 = 15 美元~~

~~將測試程式碼與生產程式碼分開~~

~~刪除多餘的測試~~

~~5 美元 + 10 歐元 = 17 美元~~

1 美元 +1100 韓元 =2200 韓元

根據所涉及的貨幣確定匯率（來源→目的）

允許修改匯率

[1] 分數 *a/b* 的算術倒數是分數 *b/a*，假設 *a* 和 *b* 都不為零。例如，6/5（也就是 1.2）的倒數是 5/6（~0.833）。

[2] 這比經典電影上班一條蟲（*Office Space*）中三位主角用來賺錢的“四捨五入副程式”更合法！

當我們引入額外的貨幣時，我們將看到**轉換優先前提**（*transformation priority premise, TPP*）的作用。也就是說，我們不會在巴別塔（Tower of Babel）風格的 if-else 鏈中添加更多條件程式碼，而是引入一種新的資料結構，讓我們可以**查找**匯率。[3]

轉換優先前提（*https://oreil.ly/p2WQt*）指出，隨著測試變得更加具體時，生產程式碼在透過一系列轉換後會變得更加泛用。

Go

讓我們來編寫一個新的測試。此測試將涉及多種貨幣——就像我們的上一個測試一樣。我們將用下例中使用的兩種貨幣來命名它：

```
func TestAdditionOfDollarsAndWons(t *testing.T) {
    var portfolio s.Portfolio

    oneDollar := s.NewMoney(1, "USD")
    elevenHundredWon := s.NewMoney(1100, "KRW")

    portfolio = portfolio.Add(oneDollar)
    portfolio = portfolio.Add(elevenHundredWon)

    expectedValue := s.NewMoney(2200, "KRW") ❶
    actualValue := portfolio.Evaluate("KRW")

    assertEqual(t, expectedValue, actualValue)
}
```

❶ 2,200 韓元的期望值來自假設了我們每兌換 1 美元就能獲得 1,100 韓元。

測試當然失敗了。錯誤訊息很有趣：

```
... Expected {amount:2200 currency:KRW} Got {amount:1101.2 currency:KRW}
```

由於我們還沒有任何機制來選擇正確的匯率，我們的 `convert` 方法選擇了不正確的 `eurToUsd` 匯率，產生了 1101.2 KRW 的奇怪結果。

[3] Fred Brooks 在他的經典著作《*The Mythical Man-Month*》（Addison-Wesley，1975）的其中一章中分析了聖經裡的巴別塔敘事。Brooks 說，這個塔專案之所以失敗，是因為缺乏清晰的**溝通**和**組織**——這也是一長串 if-else 敘述中缺少的兩件事。

讓我們引入一個 map[string]float64 來表達匯率。我們將使用測試所需的兩個匯率來初始化此映射：EUR->USD: 1.2 和 USD->KRW: 1100。現在，讓我們保持此映射對 convert 方法而言會是區域的（local）：

```
exchangeRates := map[string]float64{ ❶
    "EUR->USD": 1.2,
    "USD->KRW": 1100,
}
```

❶ 在 convert 方法中的最前面

我們可以使用“來源”和“目的”貨幣來建立鍵（key）並用以查找匯率，而不是總是在 convert 中將 money.amount 乘以 eurToUsd（也就是 1.2）。我們會刪除定義 eurToUsd 變數的行，並用以下的查找和計算來替換最終的 return 敘述：

```
key := money.currency + "->" + currency ❶
return money.amount exchangeRates[key]
```

❶ 在 convert 方法的最底部

透過對 convert 方法的這些更改，我們所有的測試都通過了。

出於好奇問一下：如果我們嘗試以沒有指定相關匯率的貨幣，來評估 Portfolio 時會發生什麼事呢？讓我們暫時註解掉 exchangeRates 映射中的兩個條目：

```
exchangeRates := map[string]float64{ ❶
    // "EUR->USD": 1.2,
    // "USD->KRW": 1100,
}
```

❶ 暫時註解掉 exchangeRates 中的所有條目以進行實驗。

當我們現在執行測試時，我們在兩個附加測試中都會遇到斷言錯誤：

```
=== RUN   TestAdditionOfDollarsAndEuros
    ...   Expected {amount:17 currency:USD} Got {amount:5 currency:USD} ❶
--- FAIL: TestAdditionOfDollarsAndEuros (0.00s)
=== RUN   TestAdditionOfDollarsAndWons
    ...   Expected {amount:2200 currency:KRW} Got {amount:1100 currency:KRW} ❶
--- FAIL: TestAdditionOfDollarsAndWons (0.00s)
```

❶ 由於 exchangeRates 中沒有條目，因此每次呼叫 convert 方法時都使用 0 這個值。

從實際值（列印在 Got 之後）可以清楚的看出，當我們的映射中找不到對應的條目時，會使用匯率 0，有效的將需要被轉換的 Money 燒成灰！

在 Go 中，嘗試使用不存在的鍵來獲取映射條目將傳回“預設零”值（*https://oreil.ly/ePwNY*）——例如，對 `int` 或 `float` 來說是 0（或 0.0），對 `boolean` 來說是 `false`，對 `string` 來說是 `""` 等。

看來我們需要更好的錯誤處理作法。我們將把它加進我們的功能列表中（請不要忘記復原被註解掉的兩行程式碼！）

JavaScript

讓我們在 `test_money.js` 中為我們的新場景編寫一個測試，來將美元轉換為韓元：

```
testAdditionOfDollarsAndWons() {
  let oneDollar = new Money(1, "USD");
  let elevenHundredWon = new Money(1100, "KRW");
  let portfolio = new Portfolio();
  portfolio.add(oneDollar, elevenHundredWon);
  let expectedValue = new Money(2200, "KRW"); ❶
  assert.deepStrictEqual(portfolio.evaluate("KRW"), expectedValue);
}
```

❶ 2,200 韓元的期望值來自假設我們每兌換 1 美元就能獲得 1,100 韓元。

測試會失敗並顯示一條有趣的錯誤訊息：

```
Running: testAdditionOfDollarsAndWons()
AssertionError [ERR_ASSERTION]: Expected values to be strictly deep-equal:
+ actual - expected

  Money {
+   amount: 1101.2,
-   amount: 2200,
    currency: 'KRW'
  }
```

`convert` 方法使用了不正確的 `eurToUSD` 匯率，即便在我們的測試中並沒有任何的歐元存在。這就是我們最終得到 `1101.2` 那個有趣的 `amount` 的方式。

讓我們引入一個 `Map` 來表達匯率。我們在映射中定義的兩個條目是我們這個測試需要的：

EUR->USD 是 1.2，USD->KRW 則是 1100。目前我們將把這個映射保存在 convert 方法中：

```
let exchangeRates = new Map(); ❶
exchangeRates.set("EUR->USD", 1.2);
exchangeRates.set("USD->KRW", 1100);
```

❶ 在 convert 方法的最前面

我們可以刪除定義 eurToUsd 變數那一行並改用這個 exchangeRates 映射。我們使用 " 來源 " 和 " 目的 " 貨幣來建立鍵並用以查找匯率。convert 的最後兩行就體現了這個邏輯：

```
let key = money.currency + "->" + currency; ❶
return money.amount exchangeRates.get(key);
```

❶ 在 convert 方法的最後面

有了這個改進之後，我們所有的測試都再次變綠色了。

如果我們嘗試以未指定相關匯率的貨幣來評估 Portfolio 時會發生什麼事呢？讓我們暫時註解掉 exchangeRates 映射中的兩個條目：

```
// exchangeRates.set("EUR->USD", 1.2); ❶
// exchangeRates.set("USD->KRW", 1100);
```

❶ 暫時註解掉 exchangeRates 中的所有條目以進行實驗。

我們的兩個加法的測試都會因斷言錯誤而失敗：

```
Running: testAdditionOfDollarsAndEuros()
AssertionError [ERR_ASSERTION]: Expected values to be strictly deep-equal:
+ actual - expected

  Money {
+   amount: NaN,
-   amount: 17,
    currency: 'USD'
  }
...
Running: testAdditionOfDollarsAndWons()
AssertionError [ERR_ASSERTION]: Expected values to be strictly deep-equal:
+ actual - expected

  Money {
+   amount: NaN,
-   amount: 2200,
    currency: 'KRW'
  }
```

當在我們的映射中找不到條目時，exchangeRate 查找到的值是 undefined。將一個數字（money.amount）與這個 undefined 相乘的算術運算結果是“不是一個數字（not a number）”（即 NaN）。

在 JavaScript 中，嘗試使用不存在的鍵來獲取映射條目總是會傳回 undefined（*https://oreil.ly/B9p4K*）這個值。

讓我們復原兩個被註解掉的行，以回到綠色的測試套組。我們會將更好的錯誤處理需求加進我們的功能列表中。

Python

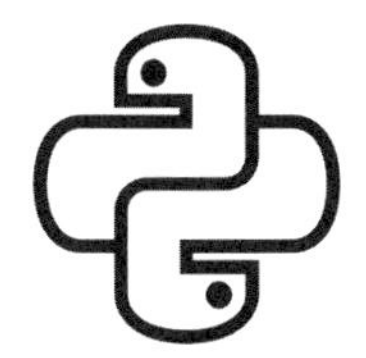

讓我們在 test_money.py 中編寫一個測試來反映我們的新功能——將美元轉換為韓元：

```
def testAdditionOfDollarsAndWons(self):
  oneDollar = Money(1, "USD")
  elevenHundredWon = Money(1100, "KRW")
  portfolio = Portfolio()
  portfolio.add(oneDollar, elevenHundredWon)
  expectedValue = Money(2200, "KRW") ❶
  actualValue = portfolio.evaluate("KRW")
  self.assertEqual(
      expectedValue, actualValue, "%s != %s" % (expectedValue, actualValue)
  )
```

❶ 2,200 韓元的期望值來自假設了我們每兌換 1 美元就能獲得 1,100 韓元。

這個測試不出所料的失敗了。錯誤訊息讓我們可以深入瞭解出了什麼問題：

```
AssertionError: ... KRW 2200.00 != KRW 1101.20
```

__convert 方法使用的是 eurToUsd 匯率，在這個案例中這是不正確的。這就是那特殊金額 1101.20 的來源。

讓我們引入一個字典來儲存匯率。我們將添加當前所需要的兩個條目：EUR->USD: 1.2 和 USD->KRW: 1100。我們將把這個字典保存在 __convert 方法中：

```
        exchangeRates = {'EUR->USD': 1.2, 'USD->KRW': 1100} ❶
```

❶ 在 __convert 方法的最前面

我們可以刪除 self.eur_to_usd 變數並使用此字典中的值。我們使用“來源”和“目的”貨幣來建立鍵並查找匯率。__convert 中的 else: 區塊被更改為以下的程式碼：

```
else:
    key = aMoney.currency + '->' + aCurrency ❶
    return aMoney.amount exchangeRates[key]
```

❶ 在 __convert 方法的最後面

透過這些更改，我們所有的測試再次變為綠色的。

出於好奇問一下：如果我們在未指定必要匯率的情況下，嘗試以一種貨幣來評估 Portfolio 會怎樣呢？讓我們暫時刪除 convert 方法中的 exchangeRates 映射的所有條目，讓它都變成空：

```
exchangeRates = {} ❶
```

❶ 暫時刪除 exchangeRates 中的所有條目以進行實驗。

當我們執行我們的測試時，兩個加法測試都會因 KeyError 而失敗：

```
ERROR: testAdditionOfDollarsAndEuros (__main__.TestMoney)
...
KeyError: 'EUR->USD'
...
ERROR: testAdditionOfDollarsAndWons (__main__.TestMoney)
...
KeyError: 'USD->KRW'
```

在 Python 中，用字典中沒有的鍵來執行查找時會導致 KeyError。

在 Python 中，嘗試透過鍵查找（key-lookup）運算子 [] 來使用不存在的鍵以獲取字典條目時，總是會引發 KeyError（*https://oreil.ly/P6fHs*）。

我們需要改進程式碼中的錯誤處理。我們將把它加進我們的功能列表中（我們不要忘記要將兩個值復原到 exchangeRates 字典！）。

提交我們的變更

我們現在能夠定義多種匯率並使用它們在任意貨幣之間進行轉換。我們的 Git 提交訊息應該能夠反映這個新功能：

```
git add .
git commit -m "feat: conversion between currencies with defined exchange rates"
```

我們在哪裡

只要知道必要的匯率，我們的程式碼已經發展到可以維護不同的 `Money` 實體所組成的 `Portfolio`，並以多種貨幣對其進行評估的程度。實在無可挑剔！

我們還發現需要更強大的錯誤處理方式，尤其是在未指定匯率的情況下。我們將把它加進我們的列表中，並將在第 10 章把注意力轉向它：

~~5 美元 × 2 = 10 美元~~

~~10 歐元 × 2 = 20 歐元~~

~~4002 韓元 / 4 = 1000.5 韓元~~

~~5 美元 + 10 美元 = 15 美元~~

~~將測試程式碼與生產程式碼分開~~

~~刪除多餘的測試~~

~~5 美元 + 10 歐元 = 17 美元~~

~~1 美元 + 1100 韓元 = 2200 韓元~~ #

~~根據所涉及的貨幣決定匯率（來源→目的）~~

改進未指定匯率時的錯誤處理

允許修改匯率

本章的程式碼位於 GitHub 儲存庫（*https://github.com/saleem/tdd-book-code/tree/chap09*）中名為 “chap09” 的分支中。

第 10 章

錯誤處理

什麼錯誤使得我們的眼睛和耳朵出差錯了？

—莎士比亞（藉 Antipholus of Syracuse 之口），*The Comedy of Errors*

錯誤是生活的一部分。採用測試驅動開發的原因之一是確保我們可以安全的儘快進行，極小化程式碼中的錯誤。

我們功能列表中的下一項是改進錯誤處理：

~~5 美元 × 2 = 10 美元~~

~~10 歐元 × 2 = 20 歐元~~

~~4002 韓元 / 4 = 1000.5 韓元~~

~~5 美元 + 10 美元 = 15 美元~~

~~將測試程式碼與生產程式碼分開~~

~~刪除多餘的測試~~

~~5 美元 + 10 歐元 = 17 美元~~

~~1 美元 + 1100 韓元 = 2200 韓元 #~~

~~根據所涉及的貨幣確定匯率（來源→目的）~~

改進未指定匯率時的錯誤處理

允許修改匯率

錯誤願望清單

我們的程式碼目前處理缺漏匯率的方式是錯誤的。讓我們來解決這個缺點。表 10-1 顯示了我們處理因缺漏匯率而產生的錯誤的願望清單。

表 10-1　處理因缺漏匯率而產生的錯誤的願望清單

項目	描述
1	當缺少一個或多個必要的匯率時，Evaluate 方法應該要發出明確的錯誤信號。
2	錯誤訊息應該是"貪婪的"——也就是說，它應該能指出阻止評估 Portfolio 的*所有*缺漏匯率，而是不只是是第一個缺漏的匯率。
3	為防止錯誤被呼叫者忽略，當由於缺漏匯率而發生錯誤時，不應傳回有效的 Money。

例如，如果我們試圖評估包含了一個沒有明確匯率的貨幣 "Kalganid"[1] 的投資組合時，我們應該要得到一個會列出所有缺漏的匯率的詳細錯誤訊息。

Go

當缺漏匯率時，我們需要更改 convert 和 Evaluate 方法的簽名。我們目前只能從這些方法中傳回一個值。為了指出錯誤——也就是無法找到匯率——我們需要第二個傳回值。

在 Go 中，指示失敗的慣用方式是，將錯誤作為函數或方法的最後一個傳回值（*https://oreil.ly/aJgeV*）傳回，以便呼叫者可以檢查它。

以下是 Evaluate 和 convert 應該要如何使用 Go 的習慣語來協同工作的虛擬程式碼：

```
Evaluate:
    For each Money struct:
        Try to convert Money to target currency and add it to the total amount
            If convert returns an error:
                Capture the "from" and "to" currencies in "failures"
    If there are no failures:
        Return a Money struct with the total amount and target currency;
          return nil for error
    Otherwise:
        Return an empty Money struct; return an error message
          including all the failures
```

[1] "Kalganid" 是以撒・阿西莫夫（Isaac Asimov）的基地（Foundation）系列中的一種虛構貨幣。

勾勒出這個虛擬程式碼後，讓我們在 `money_test.go` 中編寫一個失敗的測試。此測試與現有測試略有不同：它期望會傳回錯誤並將錯誤訊息與期望訊息進行比較：

```
func TestAdditionWithMultipleMissingExchangeRates(t *testing.T) {
    var portfolio s.Portfolio

    oneDollar := s.NewMoney(1, "USD")
    oneEuro := s.NewMoney(1, "EUR")
    oneWon := s.NewMoney(1, "KRW")

    portfolio = portfolio.Add(oneDollar)
    portfolio = portfolio.Add(oneEuro)
    portfolio = portfolio.Add(oneWon)

    expectedErrorMessage := ❶
        "Missing exchange rate(s):[USD->Kalganid,EUR->Kalganid,KRW->Kalganid,]"
    _, actualError := portfolio.Evaluate("Kalganid") ❷

    if expectedErrorMessage != actualError.Error() {
        t.Errorf("Expected %s Got %s",
            expectedErrorMessage, actualError.Error())
    }
}
```

❶ 預期的錯誤訊息應列出每個缺漏的匯率；請注意結束的逗號。

❷ 我們不關心第一個傳回值，所以我們將它指派給空白識別符。

Go 的內隱式分號規則要求在複合文字中要有尾隨的逗號（*https://oreil.ly/7VQWS*）。我們的錯誤訊息中最後一個匯率後面的逗號，反映了 Go 的這種語法偏好。

該測試和現有的兩個加法測試類似。我們期望具有詳細訊息的錯誤可以作為 `Evaluate` 方法的**第二**個傳回值。我們透過將第一個傳回值指派給空白識別符來忽略這個傳回值。

我們直接在測試中比較期望的和實際的錯誤訊息。我們不能使用目前已存在的 `assertEqual` 函數，因為它只能比較 `Money` 結構。我們應該改進這個 `assertEqual` 函數；我們將會把它延遲到**重構**階段。

在 Go 中，我們可以將函數的任何傳回值指派給底線（_）。這是“空白識別符（blank identifier）”（*https://oreil.ly/zC6pg*）——它實際上意味著“我們不關心這個值”。

此程式碼無法被編譯。如果我們嘗試執行它，我們會在 money_test.go 中得到一個錯誤：

```
... assignment mismatch: 2 variables but portfolio.Evaluate returns 1 values
```

為了讓這個測試能夠通過，我們首先必須更改 Evaluate 方法的簽名以傳回兩個值，第二個會是 error。Evaluate 如何知道何時要傳回 error 呢？它會知道是否有一個（或多個）對 convert 的呼叫失敗了，因為 convert 會偵測任何缺漏的匯率。這意味著我們也必須更改 convert 方法的簽名。

讓我們首先重新設計 convert 方法，讓它傳回一個布林值來指出是否找到了匯率：

```
func convert(money Money, currency string) (float64, bool) { ❶
    exchangeRates := map[string]float64{
        "EUR->USD": 1.2,
        "USD->KRW": 1100,
    }
    if money.currency == currency {
        return money.amount, true
    }
    key := money.currency + "->" + currency
    rate, ok := exchangeRates[key]
    return money.amount rate, ok
}
```

❶ 將方法的簽名更改為傳回兩個值

我們修改 convert 的簽名以添加第二種傳回型別：bool。如果“來源”和“目的”貨幣相同，則轉換會和以前一樣簡單：我們傳回不變的 money.amount，並傳回 true 作為第二個傳回值來表示成功。如果“來源”和“目的”貨幣不同時，我們會在我們的映射中查找匯率。我們使用這個查找的成功或失敗（呈現在 ok 變數中），來作為 convert 方法的第二個傳回值。

在 Go 中，當我們在映射中查找鍵時，如果找到該鍵，則第二個傳回值會是 true，否則是 false。按照慣例，第二個傳回值被指派給一個名為 ok 的變數——因此這個習慣語的名稱是：“comma, ok”（*https://oreil.ly/AajSQ*）。

我們修改了 convert 的簽名了；我們也需要重新設計 Evaluate：

```
import "errors" ❶
...
func (p Portfolio) Evaluate(currency string) (Money, error) { ❷
    total := 0.0
    failedConversions := make([]string, 0)
    for _, m := range p {
        if convertedAmount, ok := convert(m, currency); ok {
            total = total + convertedAmount
        } else {
            failedConversions = append(failedConversions,
                m.currency+"->"+currency)
        }
    }
    if len(failedConversions) == 0 { ❸
        return NewMoney(total, currency), nil
    }
    failures := "["
    for _, f := range failedConversions {
        failures = failures + f + ","
    }
    failures = failures + "]"
    return NewMoney(0, ""),
        errors.New("Missing exchange rate(s):" + failures) ❹
}
```

❶ 需要 errors 套件來建立錯誤。

❷ 將方法的簽名更改為傳回兩個值。

❸ 如果轉換都沒有失敗，則將 nil 錯誤當作是第二個傳回值。

❹ 如果轉換有失敗發生，則把包含了所有失敗轉換的錯誤當作是第二個傳回值。

這裡有幾行新的程式碼；但是，它們是我們之前所勾勒的虛擬程式碼的忠實呈現。從 failedConversions 切片來產生錯誤訊息字串需要第二個 for 迴圈，但這件事在概念上是很簡單的。

透過這些更改，我們在**其他的**三個加法測試中會遇到編譯失敗。我們會收到下面的錯誤訊息，一式三份：

```
... assignment mismatch: 1 variable but portfolio.Evaluate returns 2 values
```

因為我們更改了 Evaluate 的簽名以傳回兩個值，所以我們還必須更改現有對這個方法的呼叫以接受第二個值，儘管我們會使用 “ 懶得理你 ” 的空白識別符！一個範例如下所示：

```
actualValue, _ := portfolio.Evaluate("USD") ❶
```

❶ 將第二個傳回值指派給空白識別符表明我們不關心這裡的錯誤。

透過這些更改，所有測試現在都通過了。

是時候來進行重構了：讓我們在最新的測試中解決斷言 `if` 區塊。我們想要呼叫 `assertEqual` 方法，但它目前的簽名表明需要兩個 `Money` 物件，而我們想要比較的是兩個 `string`。此方法的主體不需要改變：它會比較給它的兩個東西，如果它們不相等則列印一個格式化的錯誤訊息。

有沒有辦法讓我們可以更泛用的方式來宣告 `assertEqual` 的兩個參數呢？

的確有的。在 Go 中，`struct` 可以實作（implement）一個或多個 `interface`。這個實作的機制是相當絕妙的：如果一個結構恰好是介面中所定義的所有方法的接收者，那麼它會**自動的**實作該介面。程式碼中沒有明確的宣告會指出"聽好了！這個結構特此實作了那個介面。"（也沒有這個城鎮公告員的公告的程式化版本）。Go 的介面是靜態型別檢查和動態調度的有趣結合。

Go 中的介面（*https://oreil.ly/Pclu0*）由任何實作了介面中所有方法的東西——使用者定義結構或內建型別——來實作。

我們特別感興趣的是**空介面**（*empty interface*），它定義了零個方法。因為空介面沒有方法，所以**每個型別**都實作了它。

在 Go 中，**每個**型別[2] 都實作了空的 `interface{}`。

由於**每個**型別都實作了空介面，因此我們可以更改 `assertEqual` 方法的簽名，以接受 `expected` 值和 `actual` 值，兩者都是 `interface{}` 型別。然後，我們可以根據需求愉快的傳入兩個 `string` 或兩個 `Money`：

---

[2] 要測試空的 Go 介面，請在瀏覽器中嘗試這個有用的範例（*https://tour.golang.org/methods/14*）。

```
func assertEqual(t *testing.T, expected interface{}, actual interface{}) { ❶
    if expected != actual {
        t.Errorf("Expected %+v Got %+v", expected, actual)
    }
}
```

❶ 此方法的簽名更改為接受兩個 `interface{}`，而不是兩個 `Money`。

我們現在可以透過呼叫這個修改後的 `assertEqual` 方法，來替換 `TestAdditionWithMultipleMissingExchangeRates` 中的 `if` 區塊了：

```
func TestAdditionWithMultipleMissingExchangeRates(t *testing.T) {
...
    assertEqual(t, expectedErrorMessage, actualError.Error()) ❶
}
```

❶ 呼叫修改後的 `assertEqual` 方法；請注意，最後一個參數現在是 `actualError.Error()`，以確保與第二個參數的型別一致。

太棒了！測試仍然是綠色的，而我們使用了更少的程式碼行數。我們已經完成了表 10-1 中列出的三個項目。

程式碼中仍然存在著重複：就在我們在 `convert` 和 `Evaluate` 中建立 `key` 的那些地方。我們需要簡化我們的程式碼。我們將把它加進我們的功能列表中。

JavaScript

當沒有找到一個或多個匯率時，我們想從 `evaluate` 中拋出一個帶有詳細訊息的錯誤。讓我們在 `test_money.js` 中編寫一個測試，來描述這個例外所應該具有的特定訊息：

```
testAdditionWithMultipleMissingExchangeRates() {
    let oneDollar = new Money(1, "USD");
    let oneEuro = new Money(1, "EUR");
    let oneWon = new Money(1, "KRW");
    let portfolio = new Portfolio();
    portfolio.add(oneDollar, oneEuro, oneWon);
    let expectedError = new Error( ❶
        "Missing exchange rate(s):[USD->Kalganid,EUR->Kalganid,KRW->Kalganid]");
    assert.throws(function() {portfolio.evaluate("Kalganid")}, expectedError);
}
```

❶ 期望的錯誤訊息應列出每個缺漏的匯率

此測試類似於現有的加法測試，但顯著差異是我們正在嘗試以 "Kalganid" 來評估 Portfolio。assert.throws 接受一個匿名函數的參照，該函數會呼叫 evaluate 函數來當作第一個參數，並呼叫 expectedError 來當作第二個參數。

在 JavaScript 中，當我們期望拋出例外時，我們不會呼叫被測方法來當作 assert.throws 的一部分；否則 assert 敘述本身將無法成功執行。相反的，我們會傳遞一個匿名函數物件來當作第一個參數，它呼叫了被測方法。

這個測試失敗是因為我們的 evaluate 方法目前並不會拋出所預期的例外：

```
AssertionError [ERR_ASSERTION]: Missing expected exception (Error).
...
  code: 'ERR_ASSERTION',
  actual: undefined,
  expected: Error:
    Missing exchange rate(s):[USD->Kalganid,EUR->Kalganid,KRW->Kalganid]
```

我們可以在 evaluate 方法的最前面編寫一個簡單的（"愚蠢的"）條件敘述來讓測試通過。然後我們可以編寫另一個測試來迫使我們採用複雜（"更好"）的實作：

```
evaluate(currency) {
  ////////////////////////////////////////
  // 我們 *可以* 這樣做；不過我們不這麼做！
  ////////////////////////////////////////
  if (currency === "Kalganid") {
      throw new Error(
        "Missing exchange rate(s):[USD->Kalganid,EUR->Kalganid,KRW->Kalganid]");
  }
 ...
}
```

讓我們看看我們是否可以透過立即進行有意義的實作來加快速度。

在第 9 章中，我們看到當我們在 JavaScript 中使用不存在的鍵來查詢 Map 時，會得到一個 undefined 的傳回值。我們可以用類似的方式來實作 convert：找到匯率時傳回轉換後的金額，否則傳回 undefined。

```
convert(money, currency) {
    let exchangeRates = new Map();
    exchangeRates.set("EUR->USD", 1.2);
    exchangeRates.set("USD->KRW", 1100);
    if (money.currency === currency) {
        return money.amount; ❶
    }
```

```
        let key = money.currency + "->" + currency;
        let rate = exchangeRates.get(key);
        if (rate === undefined) {
            return undefined; ❷
        }
        return money.amount rate; ❸
    }
```

❶ 當將 Money 從一種貨幣 " 轉換 " 為相同的貨幣時，只需傳回 amount 作為結果。

❷ 當沒有找到匯率時，傳回 undefined 作為結果。

❸ 當匯率存在時，使用它來計算轉換後的金額。

在 evaluate 中，我們可以檢查每個 convert 呼叫，同時縮減 moneys 陣列。如果任何轉換導致了 undefined 值，我們會在陣列中記下缺漏的轉換鍵（例如就是 " 來源 " 和 " 目的 " 貨幣）。最後，如果每次轉換都有效，我們要不然就像以前一樣傳回一個新的 Money 物件，要不然就在失敗時拋出一個錯誤，其訊息包含缺漏的轉換鍵：

```
evaluate(currency) {
   let failures = [];
   let total = this.moneys.reduce( (sum, money) => {
       let convertedAmount = this.convert(money, currency);
       if (convertedAmount === undefined) {
           failures.push(money.currency + "->" + currency);
           return sum;
       }
       return sum + convertedAmount;
     }, 0);
   if (!failures.length) { ❶
       return new Money(total, currency); ❷
   }
   throw new Error("Missing exchange rate(s):[" + failures.join() + "]"); ❸
}
```

❶ 檢查是否沒有失敗。

❷ 如果沒有失敗，則傳回具有正確金額和貨幣的新 Money 物件。

❸ 如果存在轉換失敗，則傳回列出所有失敗轉換的錯誤。

測試都是綠色的了，我們已經完成了表 10-1 中的項目。

然而，我們的程式碼中有一種微妙的難聞氣味。我們在 convert 和 evaluate 中所建立的轉換 key 的重複正是這種氣味的來源。我們會將把這個清理項目加進我們的功能列表中。

Python

當 evaluate 因缺少匯率而失敗時，我們想引發一個 Exception。在其訊息中，例外（exception）應描述所有缺漏的匯率鍵（即“來源”和“目的”貨幣）。讓我們從會驗證此行為的測試開始。

Python 具有用於例外、錯誤和警告的精細類別層次結構（*https://oreil.ly/TFi6D*）。所有使用者定義的例外都應該擴展（extend）Exception。

```
def testAdditionWithMultipleMissingExchangeRates(self):
  oneDollar = Money(1, "USD")
  oneEuro = Money(1, "EUR")
  oneWon = Money(1, "KRW")
  portfolio = Portfolio()
  portfolio.add(oneDollar, oneEuro, oneWon)
  with self.assertRaisesRegex(
    Exception,
    "Missing exchange rate\(s\):\[USD\->Kalganid,EUR->Kalganid,KRW->Kalganid]",
  ):
    portfolio.evaluate("Kalganid")
```

此測試和現有的加法測試類似，但有一些不同之處。首先，我們試圖以不存在匯率的“Kalganid”來 evaluate 一個 Portfolio。其次，我們希望 evaluate 方法拋出帶有特定錯誤訊息的例外，我們在 assertRaisesRegex 敘述中會驗證該錯誤訊息。

assertRaisesRegex 是 Python 的 TestCase 類別中定義的許多有用的斷言方法之一（*https://oreil.ly/Sg5Kl*）。由於我們的例外字串有幾個在正規表達法（*https://oreil.ly/qtnQI*）中具有特殊含意的字元，我們使用反斜線字元對它們進行逸出（escape）。

測試失敗了，而且拋出兩個例外。首先，有我們預期的 KeyError：因為沒有和“Kalganid”貨幣相關的匯率鍵。第二個錯誤是我們試圖要導致的斷言失敗：

```
FAIL: testAdditionWithMultipleMissingExchangeRates (__main__.TestMoney)
----------------------------------------------------------------------
KeyError: 'USD->Kalganid'

During handling of the above exception, another exception occurred:

...
AssertionError:
  "Missing exchange rate\(s\):\[USD\->Kalganid,EUR->Kalganid,KRW->Kalganid]"
    does not match "'USD->Kalganid'"
```

這表明我們的測試正在拋出 `Exception`；但是，`Exception` 中的訊息與我們的測試要求並不匹配。請注意，被拋出的 `Exception` 中的訊息是 `'USD->Kalganid'` ——至少這是我們想要的一部分錯誤訊息。我們有一個良好的開始！

`'USD->Kalganid'` 訊息位於 `KeyError` 例外中，當我們在 `exchangeRates` 字典中查找缺漏的鍵時會引發該例外。我們能否在 `evaluate` 中捕獲所有此類訊息，並使用修剪過的訊息來引發 `Exception`？

我們需要修改我們的 `evaluate` 方法，以回應呼叫 `__convert` 而引發的例外。讓我們將 lambda 運算式展開到一個迴圈中並添加一個 `try ... except` 區塊來捕獲任何的失敗。如果沒有失敗的話，我們會像以前一樣傳回一個新的 `Money` 物件。如果有失敗時，我們會引發一個 `Exception`，它的訊息是一個被捕獲的例外的字串化 `KeyError` 列表，並以逗號分隔：

```
def evaluate(self, currency):
    total = 0.0
    failures = []
    for m in self.moneys:
        try:
            total += self.__convert(m, currency)
        except KeyError as ke:
            failures.append(ke)

    if len(failures) == 0:
        return Money(total, currency) ❶

    failureMessage = ",".join(str(f) for f in failures)
    raise Exception("Missing exchange rate(s):[" + failureMessage + "]") ❷
```

❶ 如果沒有失敗，則傳回具有正確金額和貨幣的新 `Money` 物件。

❷ 如果存在轉換失敗，則傳回列出所有失敗轉換的例外。

當我們現在執行我們的測試時，我們會得到一個 `AssertionError`：

```
AssertionError:
  "Missing exchange rate\(s\):\[USD->Kalganid,EUR->Kalganid,KRW->Kalganid\]"
    does not match
  "Missing exchange rate(s):['USD->Kalganid','EUR->Kalganid','KRW->Kalganid']" ❶
```

❶ 實際值和期望值因 ' 單引號字元的存在 / 不存在而有所不同。

啊！不同之處在於字串化的 `KeyError` 包含了我們想要的訊息中缺少的單引號。

如此接近，卻又如此遙遠！我們很想改變我們的測試，在每個缺漏的匯率鍵周圍添加單引號。我們應該這樣做嗎？

有時，可能有正當的理由來改變我們的要求以匹配我們的結果——如果改變不是那麼壓倒性，或者功能不是那麼關鍵的話。在這種情況下，我們**可以**使用這兩個論點來反對對此案例中 `evaluate` 方法的進一步更改。

然而，在比賽開始後移動球門柱會有些棘手。而且我們已經如此接近完成了！對 `KeyError` 說明文件的快速檢視顯示，和 `BaseException` 的所有子類別一樣，它有一個 `args` 屬性，其中包含了建立例外物件時要提供的字串參數列表。此列表中的第一則訊息（索引為 0）就是我們要查找的訊息。對我們組裝 `failureMessage` 的方式進行簡單的更改就可以解決我們的問題：

```
failureMessage = ",".join(f.args[0] for f in failures) ❶
```

❶ 使用 `f.args[0]` 而不是 `str(f)` 將會刪除單引號字元。

現在所有的測試都是綠色的，我們已經完成了我們打算做的事情：表 10-1 中的所有項目。然而，那種事情還沒有完全做好（我們還沒有最簡單的可以運作的程式碼）的噁心感覺仍然存在。一方面，我們將緊湊的 lambda 運算式展開為一個詳細的迴圈。[3] 另一方面，我們深入到內建的 `Exception` 類別如此的深度來製作我們的錯誤訊息。

我們將在列表中添加一個項目，以重構我們處理匯率的程式碼部分。

[3] 在 Python lambda 中捕獲例外沒有簡單的方法。Python 有一個加強提案——PEP 463，就是關於這個功能的。然而，該提議在 2014 年被否決了（*https://oreil.ly/6PYuS*）。

程式碼氣味

“氣味（smell）”——以及衍生的形容詞“有氣味的（smelly）”——是 Kent Beck 在《*TDD by Example*》中所使用的詞，用於表示程式碼可能有潛在問題的一個明顯但可能不精確的指標。程式碼氣味是一種症狀；它們可能會或可能不會導致您遇到潛在問題。例如，程式碼重複是一種氣味。通常，它會導致我們以某種方式重構程式碼以消除重複。但是，有時出於特定原因可能允許重複。考慮這兩種用於測試階乘函數的虛擬程式碼：

```
assert_that factorial(5) == 5*4*3*2 ❶
...
assert_that factorial(5) == 5 factorial(4) ❷
```

❶ 透過重複測試中的邏輯來驗證 `factorial`

❷ 使用 `factorial` 函數本身來驗證 `factorial`

第一行程式碼重複了測試中計算階乘的方式，即 5!。第二個測試沒有這樣的重複：它使用的數學原理是 $n! = n \times (n - 1)!$。在許多情況下，最好使用第一行程式碼中所繼承的重複，因為第二行程式碼無法在階乘函數中發現某些類型的臭蟲。

程式碼氣味通常很容易發現：重複、未使用的程式碼、長的名稱、晦澀的名稱、大量的內聯（inline）註釋、在外部範疇內“遮掩（shadow）”（即隱藏）其他變數的變數、長的方法——這些都是一些值得關注的氣味。

提交我們的變更

我們添加到程式碼中的錯誤處理值得提交到我們的本地端 Git 儲存庫。讓我們動手吧：

```
git add .
git commit -m "feat: improved error handling for missing exchange rates"
```

[4] As with many other software terms, Martin Fowler’s website has a useful page on the topic of “CodeSmell” (https://oreil.ly/c7imn).

我們在哪裡

我們在評估 `Portfolio` 的方式中添加了錯誤處理。這給我們的程式碼所帶來的彈性不可輕忽。

然而，在這樣做的過程中，我們逐漸意識到迄今為止我們在模擬匯率時所採取的笨拙方式。讓實作不僅保留在 `Portfolio` 中，而且也保留在 `Portfolio` 的評估過程中，我們已經偏離了簡單的優雅。

讓我們在列表中添加一個功能來改進我們對匯率的實作：

~~5 美元 × 2 = 10 美元~~

~~10 歐元 × 2 = 20 歐元~~

~~4002 韓元 / 4 = 1000.5 韓元~~

~~5 美元 + 10 美元 = 15 美元~~

~~將測試程式碼與生產程式碼分開~~

~~刪除多餘的測試~~

~~5 美元 + 10 歐元 = 17 美元~~

~~1 美元 + 1100 韓元 = 2200 韓元 #~~

~~根據所涉及的貨幣決定匯率（來源→目的）~~

~~改進未指定匯率時的錯誤處理~~

~~改善匯率實作~~

允許修改匯率

本章的程式碼位於 GitHub 儲存庫（*https://github.com/saleem/tdd-book-code/tree/chap10*）中名為 "chap10" 的分支中。

第 11 章

重新設計銀行業

總體而言，隨著您的需求增長，您的設計值得改進…[1]

—Martin Fowler，《*Patterns of Enterprise Application Architecture*》（Addison-Wesley，2002 年）

我們在第 3 章中介紹了 Portfolio 實體。它代表了我們領域的一個關鍵概念，因此我們有理由賦予它一些責任。現在我們的 Portfolio 很明顯的做了太多的工作了。它的主要工作是成為 Money 實體的儲存庫。但是它承擔了在貨幣之間進行轉換的額外責任。為此，它必須保存匯率表以及進行轉換的邏輯。這看起來不像是 Portfolio 的責任。貨幣轉換在投資組合中的業務量就和披薩上的花生醬一樣多。

我們的軟體程式隨著我們的需求而變大。改進我們的設計、並尋找比目前實作的貨幣轉換更好的抽象化是值得的。

領域驅動設計（domain-driven design, DDD）的一個原則是持續學習。當我們獲得領域的新知識時，會讓我們的設計來反映我們所獲得的知識。因此而產生的設計和軟體應該要能反映對我們領域的更好理解。

[1] 這是在物件關係元資料映射的語境中的說明。但是，總體來說，這是一個很好的建議。

領域驅動設計是一門得到 TDD 大力支持的學門。Eric Evans 的同名書（*https://oreil.ly/RBXVv*）是該主題的開創性著作。

透過在前幾章中實作貨幣轉換，我們對我們的程式有了新的認識。它缺少一個關鍵實體。請問幫助我們轉換貨幣的真實世界機構的名稱是什麼呢？銀行啊。或者是貨幣兌換所（currency exchange）。通常一個領域會有好幾個類似的實體，從我們的模型的角度來看這些實體是無法區分的。瞭解哪些差異是顯著的，哪些又是微不足道的，對於有效的領域建模極為重要。

我們將選擇 `Bank` 這個名稱來代表這個缺失的實體。`Bank` 的職責應該是什麼？一方面，它應該保持匯率不變。它應該能夠使用匯率在貨幣之間進行轉換。 `Bank` 應該允許非對稱匯率，因為真實世界就是如此。最後，當 `Bank` 因缺漏匯率而無法將一種貨幣轉換成另一種貨幣時，應該要明確的告知我們（請參閱第 8 章第 97 頁的 " 混合貨幣 "，其中列出了貨幣轉換的基本規則）。

作為持有匯率的實體， `Bank` 還將為我們的程式碼去除氣味。一個令人討厭的氣味是，建立用來儲存匯率的鍵——例如，`USD->EUR` ——的動作遍布整個 `Portfolio`。這種氣味是我們具有洩漏的抽象化的可靠指標。透過將匯率表達法（鍵和值）保留在 `Bank` 內部，我們將可以簡化 `Portfolio` 執行評估的方式。

當職責從一個實體溢出到另一個不屬於它們的實體時，這稱為**洩漏的抽象化**（*leaky abstraction*）。用 Joel Spolsky 的話來說：" 在某種程度上，所有重要的抽象化都是會洩漏的 "（*https://oreil.ly/1T3jZ*）。但是，應該透過重新設計來堵住缺口。

依賴注入

在確定了對這個新實體的需求之後，下一個問題是：`Bank` 與其他兩個現有實體（`Money` 和 `Portfolio`）之間的依賴應該如何看待？

顯然，`Bank` 需要 `Money` 來運作。`Portfolio` 會需要 `Money` 和 `Bank`。前者的關聯是一種聚合，後者是一種介面依賴；`Portfolio` 使用 `Bank` 中的 `convert` 方法。

圖 11-1 顯示了我們程式中的三個主要實體、它們的職責以及相互依賴性。

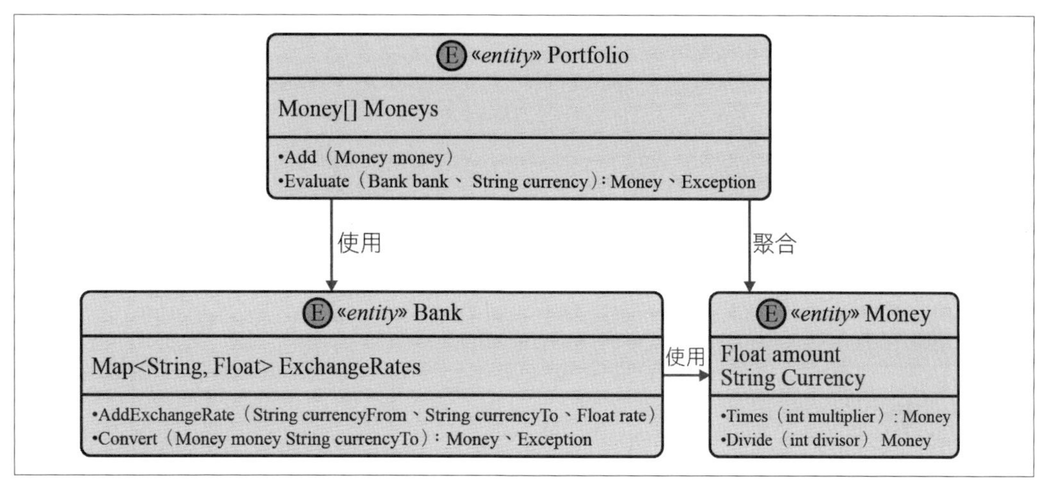

圖 11-1　我們程式中的三個主要實體

`Portfolio` 對 `Bank` 的依賴保持在最低限度：把 `Bank` 當作是 `Evaluate` 方法的參數。這種類型的依賴注入稱為**方法注入**（*method injection*），因為我們將依賴關係直接"注入"到需要它的方法中。

依賴注入——將依賴實體的**初始化與使用**分開的原則和實務——允許我們編寫鬆散耦合的程式碼。要注入依賴有幾種方式（*https://oreil.ly/zMdFK*），例如建構子注入（constructor injection）、屬性注入（property injection）和方法注入。

把全部放在一起

我們即將對我們的程式碼進行一些大手術——我們將如何確保患者的健康和福祉呢？

測試驅動開發的一個關鍵好處是，在編寫原始程式碼很久之後，測試在之後的重構和重新設計中提供了像麻醉般的安全性。

我們採用的方法將結合**編寫新的單元測試**（這是 TDD 的核心，也是我們迄今為止所做的工作）和**重構現有的單元測試**。我們知道現有的測試提供了有價值的保障：它們驗證我們建構的功能（也就是我們列表中所有被劃掉的行）都有按預期工作。我們將繼續執行這些測試、根據需要來修改它們的實作、同時保持它們的目的不變。這種編寫新測試和重構現有測試的雙管齊下的方法，將在我們治癒程式碼的弊病時為我們提供所需的保證。

測試，尤其是單元測試，是在重新設計過程中防止迴歸失敗的堡壘。

有了理論和設計，是時候編寫一些程式碼了。

Go

讓我們在 `money_test.go` 中編寫一個測試，使用尚未建立的 `Bank` 來將一個 `Money` 結構轉換為另一個 `Money` 結構：

```
func TestConversion(t *testing.T) {
    bank := s.NewBank()
    bank.AddExchangeRate("EUR", "USD", 1.2)
    tenEuros := s.NewMoney(10, "EUR")
    actualConvertedMoney, err := bank.Convert(tenEuros, "USD")
    assertNil(t, err) ❶
    assertEqual(t, s.NewMoney(12, "USD"), actualConvertedMoney)
}

func assertNil(t *testing.T, err error) { ❷
    if err != nil {
        t.Errorf("Expected error to be nil, found: [%s]", err)
    }
}
```

❶ 驗證沒有錯誤

❷ 進行驗證的新輔助函數

受 `NewMoney` 工作原理的啟發，我們將透過呼叫 `NewBank` 函數（DNEY: does not exist yet（尚未存在））來建立一個 `Bank` 結構（DNEY）。我們會呼叫 `AddExchangeRate` 函數（DNEY）將特定匯率添加到 `Bank`。然後我們會建立一個 `Money` 結構並呼叫 `Convert` 方法（DNEY），以獲得使用不同貨幣的另一個 `Money` 結構。最後，我們斷言轉換過程中沒有錯誤，並且轉換後的 `Money` 會符合我們基於匯率轉換後的預期結果。在現有的 `assertEqual` 函數建立的模式之後，我們將斷言編寫為一個新的 `assertNil` 輔助函數。

如果有太多的概念（結構和方法）是尚未存在的話，那是因為我們選擇了要前進的更快。如果我們願意，我們總是可以像我們在旅程之初那樣，放慢速度並編寫更小的測試。

如果我們願意，使用測試驅動開發時，可以編寫引入多個新概念的測試，從而加快速度。

我們編寫測試時假設 Bank 中的 Convert 方法（DNEY）將有兩種傳回型別：Money 和 error。為什麼我們已經有了 Portfolio 中已經存在的、並會傳回 float64 和 bool 的 convert 方法，還要更改這個 Convert 方法的簽名呢？因為從概念上講，Bank 將一種 currency 的 Money 轉換為另一種 currency 的 Money。

因此，第一個傳回值是 Money 而不僅僅是表示金額的 float64。第二個傳回值是一個 error，因此我們可以使用它來指出轉換失敗的匯率，這無法僅使用 bool 來完成。

我們正根據我們目前所知道的來做出夠用的設計。我們既不是推測（過度設計）也不是愚蠢（設計不足）。

為了使這個測試成為綠色的，我們需要製作所有被標記為 "DNEY" 的東西。讓我們在 stocks 套件中建立一個名為 bank.go 的新原始檔：

```
package stocks

import "errors"

type Bank struct {
    exchangeRates map[string]float64
}

func (b Bank) AddExchangeRate(currencyFrom string, currencyTo string,
        rate float64) {
    key := currencyFrom + "->" + currencyTo
    b.exchangeRates[key] = rate
}

func (b Bank) Convert(money Money, currencyTo string) (convertedMoney Money,
        err error) {
    if money.currency == currencyTo {
        return NewMoney(money.amount, money.currency), nil ❶
    }
    key := money.currency + "->" + currencyTo
```

```
    rate, ok := b.exchangeRates[key]
    if ok {
        return NewMoney(money.amount*rate, currencyTo), nil ❶
    }
    return NewMoney(0, ""), errors.New("Failed") ❷
}

func NewBank() Bank {
    return Bank{exchangeRates: make(map[string]float64)}
}
```

❶ 轉換成功時，傳回 `Money` 和 `nil`（沒有錯誤）。

❷ 轉換失敗時，將傳回佔位符（placeholder）`Money` 和 `error`。

我們引入缺漏的概念：

1. 一種名為 `Bank` 的 `type`。
2. 一個包含了用來儲存 `exchangeRates` 的 `map` 的 `Bank struct`。
3. 一個函數 `NewBank`，用於建立 `type Bank` 的結構。
4. 一個名為 `AddExchangeRate` 的方法，用於儲存轉換 `Money` 結構所需的匯率。
5. 一種名為 `Convert` 的方法，它與 `Portfolio` 中現有的 `convert` 方法非常類似。傳回值為 `Money` 和 `error`。如果轉換成功，則傳回 `Money` 並且 `error` 是 `nil`。如果由於缺漏匯率而導致轉換失敗，則會傳回佔位符 `Money` 物件和 `error`。

仔細完成這些更改後，我們的新測試通過了。

我們知道 `Evaluate` 的現有行為——我們需要保留它——會傳回包含了*所有*缺漏匯率的 `error`。這些缺漏的匯率將從何而來？ `Convert` 方法，就當我們稍後在 `Evaluate` 中使用它時。這意味著從 `Convert` 傳回的錯誤必須包含缺漏的匯率。我們在 `Convert` 方法中很容易獲得它：它在名為 `key` 的變數中。儘管用變數 `key` 來替換硬編碼的錯誤訊息 `"Failed"` 只是一個小變化，還是讓我們試一試吧。為什麼呢？它還可以讓我們解決在*有*錯誤時傳回佔位符 `Money` 結構的難聞的小氣味。最好讓兩個傳回值是對稱的：當 `err` 為 `nil` 時，`convertedMoney` 應該保存著轉換結果，當前者描述轉換錯誤時，後者則為 `nil`。

Go 的標準程式庫具有函數和方法（例如，`os.Open()`、`http.PostForm()` 和 `parse.Parse()`），它們為第一個傳回值傳回一個指標，為第二個傳回值傳回一個錯誤。雖然這不是嚴格執行的語言規則，但它是 Go 部落格（*https://oreil.ly/lElP1*）中所描述的風格。

讓我們編寫第二個測試，以將正確的錯誤訊息和這種對稱性鑽入我們的 Convert 方法：

```
func TestConversionWithMissingExchangeRate(t *testing.T) {
    bank := s.NewBank()
    tenEuros := s.NewMoney(10, "EUR")
    actualConvertedMoney, err := bank.Convert(tenEuros, "Kalganid") ❶
    if actualConvertedMoney != nil { ❷
        t.Errorf("Expected Money to be nil, found: [%+v]", actualConvertedMoney)
    }
    assertEqual(t, "EUR->Kalganid", err.Error()) ❸
}
```

❶ 將 Money 從歐元轉換成 Kalganid

❷ 斷言傳回 nil Money 指標

❸ 斷言傳回的 error 包含缺漏的匯率

此測試 TestConversionWithMissingExchangeRate 嘗試將歐元轉換為 Kalganid ——一種在 Bank 中沒有定義匯率的貨幣。我們期望 Convert 的兩個傳回值是一個為 nil 的 Money 指標和一個包含缺漏匯率的 error。

由於型別並不匹配，此測試無法被編譯：

```
... invalid operation: actualConvertedMoney != nil
        (mismatched types stocks.Money and nil)
```

這算作一次失敗的測試。為了允許從 Convert 傳回 nil 值，我們將第一個傳回值的型別更改為指標：

```
func (b Bank) Convert(money Money, currencyTo string) (convertedMoney *Money, ❶
        err error) {
    var result Money
    if money.currency == currencyTo {
        result = NewMoney(money.amount, money.currency)
        return &result, nil ❷
    }
    key := money.currency + "->" + currencyTo
    rate, ok := b.exchangeRates[key]
    if ok {
        result = NewMoney(money.amount*rate, currencyTo)
        return &result, nil ❷
    }
    return nil, errors.New("Failed") ❸
}
```

❶ 第一個傳回型別現在是 Money 指標。

❷ 當轉換成功時，傳回一個指向 Money 的有效指標和一個 nil error。

❸ 當轉換失敗時，傳回一個 `nil` `Money` 指標和一個缺漏匯率的錯誤。

現在執行這個測試會給我們一個舊測試 `TestConversion` 中的失敗訊息，提醒我們解參照（dereference）指標：

```
=== RUN   TestConversion
    ...   Expected {amount:12 currency:USD} Got &{amount:12 currency:USD} ❶
```

❶ 期望 `Money`，卻得到一個 `Money` 指標

那個小小的 `&` 符號讓世界變得不同了！ `TestConversion` 中的 `actualConvertedMoney` 變數現在是指向 `Money` 的指標，需要解參照：

```
        assertEqual(t, stocks.NewMoney(12, "USD"), *actualConvertedMoney) ❶
```

❶ `*` 將 `actualConvertedMoney` 指標解參照回它指向的結構。

透過這些更改，我們得到了我們正在追逐的斷言失敗：

```
=== RUN   TestConversionWithMissingExchangeRate
    ...   Expected EUR->Kalganid Got Failed
```

在 `Convert` 方法中用 `key` 來替換字串 `"Failed"` 可以使測試通過：

```
    return nil, errors.New(key) ❶
```

❶ `Convert` 方法的最後一行

我們正處於**重構**階段。我們可以改進的一個部分是我們的 `assertNil` 方法。它僅用於驗證 `error` 是否為 `nil`；如果它可以採用任何型別（就像 `assertEqual` 那樣），我們就可以使用它來斷言 `Money` 指標也為 `nil`。

讓我們在 `assertEqual` 的引導下嘗試一個 `assertNil` 的實作：

```
func TestConversionWithMissingExchangeRate(t *testing.T) {
...
    assertNil(t, actualConvertedMoney) ❶
...
}

func assertNil(t *testing.T, actual interface{}) { ❷
    if actual != nil {
        t.Errorf("Expected to be nil, found: [%+v]", actual) ❸
    }
}
```

❶ 使用修改後的 `assertNil` 來驗證一個 `nil` 指標

❷ 使用空介面來表達（幾乎）任何東西

❸ 使用 %+v 動詞來列印非 nil 值

使用這個實作，我們在執行測試時遇到了一個相當奇怪的失敗：

```
=== RUN   TestConversionWithMissingExchangeRate
    money_test.go:108: Expected to be nil, found: [<nil>]
```

這很令人費解！如果預期為 nil 並且找到了 <nil>，那麼問題出在哪裡呢？

那些小小的三角括號給了我們一個線索。在 Go 中，介面被實作為兩個元素：型別 T 和值 V。Go 在介面內儲存 nil 的方式意味著只有 V 是 nil，而 T 是指向介面所表達的任何型別的指標（本案例中為 *Money）。由於型別 T 不是 nil，所以介面本身也不是 nil。

打個比方，介面就像包裹著禮物的包裝紙和盒子。您必須把它撕開才能看到禮物是什麼。盒子裡可能**沒有任何東西**——終極的惡作劇禮物——但直到你打開包裝並打開禮物盒後，您才能發現這一點。

即使其中的指標值為 nil，Go 介面也將是非 nil（*https://oreil.ly/IyfG7*）。

解包裝介面並檢查內部值的方法是使用 reflect 套件。該套件中的 ValueOf 函數會傳回值 V，然後可以透過呼叫 IsNil 函數來檢查該值，這個函數也是在 reflect 套件中定義的。為了避免檢查 nil 介面時出現 panic 錯誤，我們必須首先檢查給定的 interface{} 是否也為 nil。

下面是更正後的 assertNil 函數的樣子：

```
import (
    s "tdd/stocks"
    "testing"
    "reflect" ❶
)
...
func assertNil(t *testing.T,actual interface{}) {
    if actual != nil && !reflect.ValueOf(actual).IsNil() { ❷
        t.Errorf("Expected to be nil, found: [%+v]", actual)
    }
}
```

❶ 我們需要 reflect 套件來檢查介面。

❷ 如果 interface{} 本身和所包裝的值都不是 nil，則會引發斷言錯誤。

太棒了！我們的測試都通過了，並且我們已經開始編寫對稱的 Convert 方法。我們準備將 Bank 作為 Portfolio 中 Evaluate 方法的依賴項來引入。

由於我們對 Evaluate 方法進行了一系列測試，因此我們現在將重新設計該方法。我們得到的任何測試失敗（我們確實希望得到很多）將使我們保持在 RGR 的軌道上。

我們將 Portfolio 中 Evaluate 方法的簽名更改為把 Bank 當作是第一個參數。我們還將其第一個傳回值的型別更改為 Money 指標。至於方法的主體，變化很少且特定。我們呼叫 Bank 的 Convert 方法，而不是即將退休的本地函數 convert。每當對 Convert 的呼叫傳回錯誤時，我們都會保存錯誤訊息。我們沒有傳回 Money 結構，而是傳回一個指向它的指標。當出現錯誤時，我們傳回 nil 作為第一個值，error 作為第二個值：

```
func (p Portfolio) Evaluate(bank Bank, currency string) (*Money, error) { ❶
    total := 0.0
    failedConversions := make([]string, 0)
    for _, m := range p {
        if convertedCurrency, err := bank.Convert(m, currency); err == nil {
            total = total + convertedCurrency.amount
        } else {
            failedConversions = append(failedConversions, err.Error())
        }
    }
    if len(failedConversions) == 0 {
        totalMoney := NewMoney(total, currency)
        return &totalMoney, nil ❷
    }
    failures := "["
    for _, f := range failedConversions {
        failures = failures + f + ","
    }
    failures = failures + "]"
    return nil, errors.New("Missing exchange rate(s):" + failures) ❸
}
```

❶ 傳回一個 Money 指標和一個 error。

❷ 當 Money 指標不為 nil 時，傳回 nil error。

❸ 當出現 error 時，傳回一個 nil Money 指標。

更改簽名後，我們測試中對 Evaluate 的每次呼叫都無法編譯。我們需要建立一個 Bank 並將其傳遞給 Evaluate。我們可以只在 money_test.go 中執行一次，而不是在每個個別的測試方法中都執行嗎？

絕對可以！讓我們在 money_test.go 的所有測試之外宣告一個 Bank 變數，並使用一個 init 函數來用所有必要的匯率初始化這個 Bank：

```
var Bank s.Bank ❶

func init() { ❷
    Bank = s.NewBank()
    bank.AddExchangeRate("EUR", "USD", 1.2)
    bank.AddExchangeRate("USD", "KRW", 1100)
}
```

❶ 在 money_test.go 中、在任何測試方法之外

❷ 新的初始化函數

在 Go 中有多種方法可以設定共享狀態。每個測試檔案可以有一個或多個 init() 函數（*https://oreil.ly/qWdAW*），它們會按順序執行。所有初始化函數都必須具有相同的簽名。或者，我們可以在測試檔案中覆寫 MainStart 函數（*https://oreil.ly/bPRAf*）並呼叫一個（或多個）可能具有任意簽名的 setup/teardown 方法。

現在我們可以在每次呼叫 Evaluate 時，在我們的測試中使用這個 bank 了，例如，portfolio.Evaluate(bank, "Kalganid")。

由於 Evaluate 現在傳回一個 Money 指標和一個 error，我們必須改變我們如何將這些傳回值指派給變數、以及我們如何斷言它們的作法。

以下是我們的 TestAddition 在進行必要的更改後的樣子：

```
func TestAddition(t *testing.T) {
    var Portfolio s.Portfolio

    fiveDollars := s.NewMoney(5, "USD")
    tenDollars := s.NewMoney(10, "USD")
    fifteenDollars := s.NewMoney(15, "USD")

    Portfolio = portfolio.Add(fiveDollars)
```

```
    Portfolio = portfolio.Add(tenDollars)
    portfolioInDollars, err := portfolio.Evaluate(bank, "USD") ❶

    assertNil(t, err) ❷
    assertEqual(t, fifteenDollars, *portfolioInDollars) ❸
}
```

❶ 將 `bank` 依賴注入到 `Evaluate` 方法中

❷ 斷言沒有錯誤發生

❸ 在將指向 `Money` 的指標當作是 `assertEqual` 函數中的最後一個參數之前，取消對它的參照

在用類似的作法修復其他測試之後（使用 `bank` 作為 `Evaluate` 的第一個參數、並解參照指標以獲取對 `Money` 的參照），我們讓所有測試都通過了。我們現在準備刪除 `Portfolio` 中沒有使用的 `convert` 函數。刪除未使用的程式碼真是令人開心！

由於我們有一個通用且強固的 `assertNil` 函數可用於我們的測試，因此我們將所有空白識別符 `_` 替換為實際變數、並驗證它們是否為 nil。例如，在 `TestAdditionWithMultipleMissingExchangeRates` 中，我們可以驗證 `Money` 指標是否為 `nil`：

```
func TestAdditionWithMultipleMissingExchangeRates(t *testing.T) {
...
    expectedErrorMessage :=
        "Missing exchange rate(s):[USD->Kalganid,EUR->Kalganid,KRW->Kalganid,]"
    value, actualError := portfolio.Evaluate(bank, "Kalganid") ❶

    assertNil(t, value) ❷
    assertEqual(t, expectedErrorMessage, actualError.Error())
}
```

❶ 在命名參數中接受第一個傳回值，即 `Money` 指標，而不是空白識別符。

❷ 驗證是否傳回了 `nil Money` 指標。

我們現在有一個更好的程式碼組織：`Bank`、`Portfolio`、還有 `Money` ，它們各司其職。我們有強固的測試來驗證所有這些型別的行為。我們改進程式碼的一個很好的指標是，`stocks` 套件中的每個檔案都具有差不多的大小：幾十行程式碼（如果我們有寫 Godoc 註解的話檔案會更長，不過撰寫這些註解會是一件好事。

JavaScript

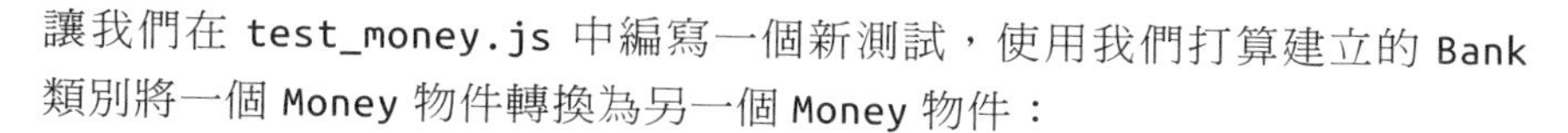

讓我們在 `test_money.js` 中編寫一個新測試，使用我們打算建立的 `Bank` 類別將一個 `Money` 物件轉換為另一個 `Money` 物件：

```
const Bank = require('./bank'); ❶
...
    testConversion() {
        let Bank = new Bank(); ❷
        bank.addExchangeRate("EUR", "USD", 1.2); ❸
        let tenEuros = new Money(10, "EUR");
        assert.deepStrictEqual(
            bank.convert(tenEuros, "USD"), new Money(12, "USD")); ❹
    }
```

❶ `bank` 模組的匯入宣告（尚未存在）Does Not Exist Yet））。

❷ 呼叫 `Bank` 建構子函數（DNEY）。

❸ 呼叫 `addExchangeRate`（DNEY）。

❹ 呼叫 `convert`（DNEY）。

請注意，正在匯入的模組、`Bank` 類別及其方法 `addExchangeRate` 和 `convert` 尚未存在（DNEY）。

要預測（或觀察）測試失敗，讓我們建立一個名為 `bank.js` 的新檔案，其中包含 `Bank` 類別的必要行為：

```
const Money = require("./money"); ❶

class Bank {
    constructor() {
        this.exchangeRates = new Map(); ❷
    }

    addExchangeRate(currencyFrom, currencyTo, rate) {
        let key = currencyFrom + "->" + currencyTo; ❸
        this.exchangeRates.set(key, rate);
    }

    convert(money, currency) { ❹
        if (money.currency === currency) {
            return new Money(money.amount, money.currency); ❺
        }
        let key = money.currency + "->" + currency;
        let rate = this.exchangeRates.get(key);
```

```
        if (rate === undefined) {
            throw new Error("Failed"); ❻
        }
        return new Money(money.amount * rate, currency);
    }
}

module.exports = Bank; ❼
```

❶ Bank 類別需要 Money 類別。

❷ 在 constructor 中建立一個空的 Map 以供後續使用。

❸ 形成一個 key 來儲存匯率。

❹ 此 convert 方法類似於 Portfolio 類別中的 convert 方法。

❺ 當貨幣相同時建立一個新的 Money 物件。

❻ 當匯率為 undefined 時，拋出帶有字串 "Failed" 的 Error。

❼ 匯出 Bank 類別以在此模組之外使用。

addExchangeRate 使用 " 來源 " 和 " 目的 " 貨幣建立一個鍵，並使用該鍵來儲存 rate。

convert 方法的大部分行為都深受 Portfolio 類別中既有程式碼的影響。一個區別是 Bank.convert 在成功時會傳回一個 Money 物件（而不僅僅是金額），並在失敗時拋出一個 Error（而不是傳回 undefined）。此外，Bank.convert 方法總是建立一個新的 Money 物件，即使 " 來源 " 和 " 目的 " 貨幣相同也一樣。透過始終傳回一個新的 Money 物件而不是該方法的第一個參數可以防止意外的副作用。

JavaScript 物件（和陣列）是按參照傳遞（pass by reference）的（*https://oreil.ly/OFYJP*）。如果需要模擬按值傳遞（pass-by-value）的語意（這對於減少副作用很重要），我們必須外顯式的建立新物件。

測試都是綠色的。

我們需要保留 evaluate 現有的行為，它會傳回一個包含*所有*缺漏匯率的 Error。evaluate 方法將需要這種新的 convert 方法來提供所有缺漏的匯率。因此，convert 拋出的 Error 必須包含缺漏的匯率。我們在 Bank.convert 方法的 key 變數中已經有了這個值。即使這是一個很小的變化，讓我們測試一下。

我們在 test_money.js 中添加一個新測試來驗證我們需要的行為：

```
testConversionWithMissingExchangeRate() {
  let Bank = new Bank(); ❶
  let tenEuros = new Money(10, "EUR");
  let expectedError = new Error("EUR->Kalganid"); ❷
  assert.throws(function () { bank.convert(tenEuros, "Kalganid") },
    expectedError); ❸
}
```

❶ 未定義匯率的新 Bank

❷ 包括了缺漏的匯率的預期錯誤

❸ 使用帶有 assert.throws 的匿名函數來驗證錯誤訊息

我們使用了與第 10 章編寫 testAdditionWithMultipleMissingExchangeRates 時，所使用的匿名函數相同的 assert.throws 習慣語。

此測試因預期的斷言失敗而失敗：

```
Running: testConversionWithMissingExchangeRate()
AssertionError [ERR_ASSERTION]: Expected values to be strictly deep-equal:
+ actual - expected

  Comparison {
+   message: 'Failed',
-   message: 'EUR->Kalganid',
    name: 'Error'
  }
```

讓這個測試通過很簡單：我們在從 convert 拋出 Error 時使用 key 即可：

```
    convert(money, currency) {
...
        if (rate === undefined) {
            throw new Error(key); ❶
        }
...
    }
```

❶ 使用 key 來確保 Error 包含缺漏的匯率。

透過對 Bank 類別的這些更改，我們所有的測試都通過了。我們已準備好更改 Portfolio 類別了。因為有一套針對 Portfolio 的測試，所以我們將開始重新設計。我們信任我們的測試（以及它們預期的失敗）以確保我們正確的進行重新設計。

evaluate 函數應該接受一個 Bank 物件作為依賴項。我們將把它當作是 evaluate 方法的第一個參數。該方法的其餘部分被修改為使用 Bank.convert 所拋出的 Error。錯誤訊息包含缺漏的匯率，因此我們可以記錄任何缺漏的匯率，並在必要時使用來自 evaluate 的聚合錯誤訊息來拋出一個 Error：

```
evaluate(bank, currency) {
    let failures = [];
    let total = this.moneys.reduce( (sum, money) => {
        try {
            let convertedMoney = bank.convert(money, currency); ❶
            return sum + convertedMoney.amount;
        }
        catch (error) {
            failures.push(error.message);
            return sum;
        }
      }, 0);

    if (!failures.length) {
        return new Money(total, currency);
    }
    throw new Error("Missing exchange rate(s):[" + failures.join() + "]");
}
```

❶ 呼叫 Bank 的 convert 方法

JavaScript 有 throw 關鍵字來發出例外信號，然後還有 try ... catch 和 try ... catch ... finally 構造來回應例外（*https://oreil.ly/GTr4Q*）。

由於我們更改了 evaluate 的簽名，我們無法合理的期望我們的任何加法測試將會通過。只為了博君一笑，我們還是按原樣來執行測試套件。當我們執行它時，我們得到一個看起來很奇怪的錯誤：

```
Running: testAddition()
...
Error: Missing exchange rate(s):[bank.convert is not a function,
  bank.convert is not a function]
```

這看起來很奇怪：不管它有多少缺點，不過 bank.convert 一定是一個函數啊，因為我們才剛剛編寫了它啊！出現此錯誤訊息的原因是我們的測試只使用一個參數來呼叫 evaluate，而 JavaScript 的規則也允許這樣做。貨幣字串被指派給第一個參數，而第二個參數則被設定為 undefined，如圖 11-2 所示。

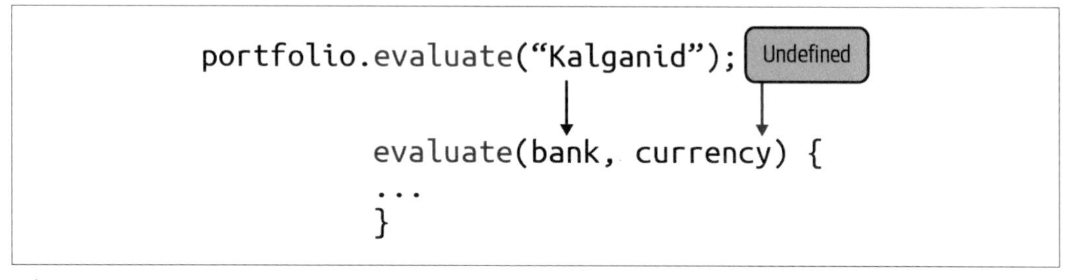

圖 11-2 在 JavaScript 中，方法呼叫中所缺少的任何參數都會被設成 undefined

JavaScript 不會對傳遞給函數的參數的數量或型別強加任何規則（*https://oreil.ly/xInaU*），無論函數定義說明了什麼。

即使它被指派給名為 bank 的參數，第一個參數的值也只是一個字串而已。Node.js 執行時期說它沒有 convert 方法是有道理的。

讓我們來建立一個 Bank 物件並把它當作是第一個參數傳遞給 evaluate 方法。這對於 testAddition 來說就足夠了，因為它一直是使用相同的貨幣（也就是不需要匯率）：

```
testAddition() {
  let fiveDollars = new Money(5, "USD");
  let tenDollars = new Money(10, "USD");
  let fifteenDollars = new Money(15, "USD");
  let Portfolio = new Portfolio();
  portfolio.add(fiveDollars, tenDollars);
  assert.deepStrictEqual(portfolio.evaluate(new Bank(), "USD"),
    fifteenDollars); ❶
}
```

❶ 在這個測試中不需要匯率，只需要一個 Bank 物件。

testAddition 通過了。失敗訊息往前推進到我們測試套組中的下一個測試。

我們需要以類似的方式來修復其他測試，儘管我們已經有定義了匯率。由於我們在多個測試中將需要 Bank 物件和匯率，因此最好用我們的測試所需用到的所有匯率來定義 Bank 一次就好。我們可以將 bank 定義為成員變數，並在 MoneyTest 建構子函數中對其進行初始化：

```
constructor() {
    this.bank = new Bank();
    this.bank.addExchangeRate("EUR", "USD", 1.2);
    this.bank.addExchangeRate("USD", "KRW", 1100);
}
```

在大多數加法測試中，我們可以直接使用 this.bank，而無需建立方法專用的銀行。例如：

```
testAdditionOfDollarsAndEuros() {
...
    assert.deepStrictEqual(portfolio.evaluate(this.bank, "USD"),
      expectedValue); ❶
}
```

❶ 在 constructor 中建立的 bank 物件，可以在測試中以 this.bank 來存取。

使用 this.bank 的一個例外是 testAdditionWithMultipleMissingExchangeRates，我們故意要導致它產生錯誤。因為這個測試中 assert 敘述的參數是一個匿名函數物件，所以對 this.bank 的參照會失敗…因為 this 已經改變了！

讓我們釐清上一段話。當我們建立一個物件時，例如是 JavaScript 中的 ABC，ABC 中的任何程式碼都可以使用 this 來參照 ABC。ABC 之外的任何物件都不能透過 this 來存取它。

在 JavaScript 中，this 指的是最近的圈圍物件，包括匿名物件，而不是它周圍的任何其他物件。

我們可以獲得對 bank 的區域參照，並在 testAdditionWithMultipleMissingExchangeRates 中的斷言裡使用它：

```
////////////////////////////////////////
// 我們 * 可以 * 這麼做；但我們不想！
////////////////////////////////////////
let Bank = this.bank; ❶
assert.throws(function() {portfolio.evaluate(bank, "Kalganid")},
  expectedError); ❷
```

❶ 將對 this.bank 的參照儲存在區域變數中。

❷ 使用區域變數 bank 來避免在匿名函數中使用 this.bank。

上面的程式碼雖然正確，但卻很笨拙。還有一種使用箭頭函數的替代語法更為簡潔，而且不需要將 this.bank 儲存在區域變數中。

```
assert.throws(() => portfolio.evaluate(this.bank, "Kalganid"), expectedError); ❶
```

❶ 使用箭頭函數直接使用 this.bank 作為參數來呼叫 portfolio.evaluate()

耶：綠色測試！我們現在準備刪除 Portfolio 中未使用的 convert 功能了。刪除未使用的程式碼真令人興奮！

ES6 中引入的 JavaScript 裡的箭頭函數宣告（*https://oreil.ly/396SH*），允許我們編寫在語法上更短的函數。

我們現在有結構良好的程式碼了：Bank、Portfolio、和 Money ，它們各司其職。一個很好的指標是每個檔案現在都具有差不多的大小。

Python

我們的第一個目標是編寫一個測試，使用尚未定義的 Bank 抽象化來將一個 Money 物件轉換為另一個 Money 物件：

```
from Bank import Bank ❶
...
    def testConversion(self):
        Bank = Bank() ❷
        bank.addExchangeRate("EUR", "USD", 1.2) ❸
        tenEuros = Money(10, "EUR")
        self.assertEqual(bank.convert(tenEuros, "USD"), Money(12, "USD")) ❹
```

❶ bank 模組（DNEY）的匯入敘述。

❷ 建立一個新的 Bank（DNEY）。

❸ 呼叫 addExchangeRate（DNEY）。

❹ 呼叫 convert（DNEY）。

我們使用了幾個尚未存在（DNEY）的東西：bank 模組、Bank 類別以及 Bank 類別中的 addExchangeRate 和 convert 方法。

為了預期（或觀察）我們得到的測試錯誤——例如 ModuleNotFoundError: No module named 'bank' ——讓我們建立一個名為 bank.py 的新檔案，它定義了具有最少必要行為的 Bank 類別：

```
from Money import Money ❶

class Bank:
    def __init__(self):
        self.exchangeRates = {} ❷

    def addExchangeRate(self, currencyFrom, currencyTo, rate):
        key = currencyFrom + "->" + currencyTo ❸
        self.exchangeRates[key] = rate

    def convert(self, aMoney, aCurrency): ❹
        if aMoney.currency == aCurrency:
            return Money(aMoney.amount, aCurrency) ❺

        key = aMoney.currency + "->" + aCurrency
        if key in self.exchangeRates:
            return Money(aMoney.amount * self.exchangeRates[key], aCurrency)
        raise Exception("Failed") ❻
```

❶ Bank 要求 Money 作為依賴項。

❷ 在 __init__ 方法中初始化空的字典。

❸ 形成一個鍵來儲存匯率。

❹ 這個 convert 方法類似於 Portfolio 類別中的 __convert 方法。

❺ 當貨幣相同時建立一個新的 Money 物件。

❻ 轉換失敗時引發 Exception。

Bank 類別——尤其是它的 convert 方法——大量借用了 Portfolio 中的既有程式碼。有兩個關鍵區別是在 Bank.convert 的簽名。它會在成功時傳回一個 Money 物件（而不僅僅是一個金額），並在轉換失敗時引發一般的 Exception（而不是 KeyError）。

有了這個新的 Bank 類別，我們的測試就通過了。

我們需要保持 evaluate 的現有行為，它會傳回一個包含所有缺漏匯率的 Exception。evaluate 方法將需要 convert 方法來提供缺漏的匯率。convert 引發的 Exception 必須包括缺漏的匯率——這個值是在 convert 的 key 變數中。讓我們來測試驅動一下這個變化，儘管它很小。

我們編寫了一個新的測試，它期望一個帶有來自 `convert` 方法的特定訊息的 `Exception`：

```
    def testConversionWithMissingExchangeRate(self):
        bank = Bank() ❶
        tenEuros = Money(10, "EUR")
        with self.assertRaisesRegex(Exception, "EUR->Kalganid"): ❷
            bank.convert(tenEuros, "Kalganid") ❸
```

❶ 沒有定義匯率的新 `Bank`

❷ 帶有特定訊息的預期 `Exception`

❸ 以 `"Kalganid"` 作為貨幣來呼叫 `convert`

此測試如預期般失敗：

```
FAIL: testConversionWithMissingExchangeRate (__main__.TestMoney)
...
Exception: Failed
...
AssertionError: "EUR->Kalganid" does not match "Failed"
```

為了解決這個問題，我們使用 `key` 來建立從 `convert` 引發的 `Exception`：

```
    def convert(self, aMoney, aCurrency):
...
        raise Exception(key) ❶
```

❶ 使用 `key` 會確保 `Exception` 包含缺漏的匯率。

所有測試都是綠色的了。有了新的 `Bank` 類別，我們就可以更改 `Portfolio` 中的 `evaluate` 方法來接受 `Bank` 物件作為依賴項。對於 `Money` 物件的加法我們至少有四個測試可以進行 `evaluate` 方法。這些測試的失敗完全在我們預期之中，從而使我們更堅定的走在 RGR 的軌道上。

我們會把 `bank` 當作是 `evaluate` 方法的第二個參數，就放在強制性的 `self` 之後。該方法的其餘部分被修改成，可以和 `Bank.convert` 在遇見缺漏匯率時所拋出的 `Exception` 一起運作：

```
    def evaluate(self, bank, currency):
        total = 0.0
        failures = []
        for m in self.moneys:
            try:
                total += bank.convert(m, currency).amount ❶
            except Exception as ex:
                failures.append(ex)
```

```
        if len(failures) == 0:
            return Money(total, currency)

        failureMessage = ",".join(f.args[0] for f in failures)
        raise Exception("Missing exchange rate(s):[" + failureMessage + "]")
```

❶ 委託給 bank.convert 方法

一旦我們對 evaluate 進行這些更改之後，我們的一些測試就會失敗，並出現一個相當奇怪的錯誤：

```
TypeError: evaluate() missing 1 required positional argument: 'currency'
```

這很奇怪：我們傳入的唯一“位置引數（positional argument）”就是 currency；缺少的應該是 bank 吧！會產生這個相當奇妙的錯誤訊息的原因是，Python 是一種動態型別的語言。它假設我們所傳遞的第一個（也是唯一的）引數會對應於 evaluate 方法宣告中的第一個位置引數。因為它找不到和 currency 匹配的第二個引數——所以它才發出抱怨。

圖 11-3 顯示了在 Python 方法呼叫中實際參數是如何與形式參數相關聯的。

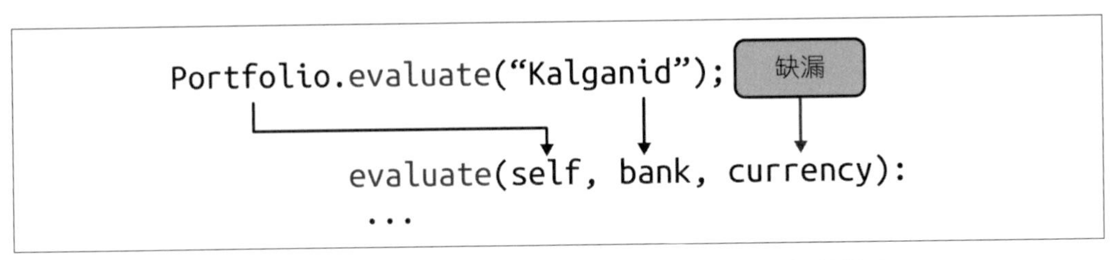

圖 11-3　在 Python 中，參數是根據位置從左到右指派的，而不管它們的型別如何

我們需要一家具有多種匯率的 Bank，來滿足我們所有與加法相關的測試的需求。

如果我們可以只宣告這個初始化程式碼一次——而不是在每個測試中都進行宣告——那就太好了。有一種方法可以做到這一點。我們的測試類別——藉助著 unittest.TestCase 的子類別化——繼承了它的行為。這種繼承行為的其中一個層面是，如果類別中有一個 setUp 方法，它將會在每次測試之前被呼叫。我們可以在這個 setUp 方法中定義我們的 Bank 物件：

```
    def setUp(self): ❶
        self.bank = Bank() ❷
        self.bank.addExchangeRate("EUR", "USD", 1.2)  ❸
        self.bank.addExchangeRate("USD", "KRW", 1100) ❸
```

❶ 來自 TestCase 超類別的被覆寫的 setUp 方法

❷ 測試所需的新 Bank 物件

❸ 測試所需的匯率

在測試方法中，我們可以簡單的使用 self.bank 作為每次呼叫 evaluate 的第一個參數，如下例所示：

```
    def testAddition(self):
...
        self.assertEqual(fifteenDollars, portfolio.evaluate(self.bank, "USD")) ❶
```

❶ 使用在 setUp 方法中所宣告的 self.bank

在以這種方式修復所有 evaluate 呼叫後，測試就回到原來的綠色了。現在場景已經設置好了，讓我們隆重的刪除 Portfolio 中舊的 __convert 方法吧。刪除程式碼是一種甜蜜的感覺：細細品味吧！

提交我們的變更

git

我們的程式碼進行了相當幅度的修改：Bank 的引入和由此所產生的重構。讓我們將程式碼提交到本地端 Git 儲存庫，並帶著一則反映了我們所做的事的訊息：

```
git add .
git commit -m "feat: added Bank; refactored Portfolio to use Bank"
```

我們在哪裡

我們顯著的改變了程式碼的內部組織，把默默被嵌入在 Portfolio 中的 Bank 實體萃取出來，成為我們領域的一等公民。我們結合了新的測試和我們現有的測試套組，以確保在編寫新的和改進的程式碼期間不會損害任何功能。我們還透過在執行測試之前宣告一個 Bank 變數來清理我們的測試，然後在相關測試中使用這個實例。

我們的清單上還有一項：修改現有匯率的能力。在我們開始之前，讓我們在重新設計和刪除程式碼所給我們帶來的極大樂趣中，再加上從列表中刪除一項功能的這個滿足感：

~~5 美元 × 2 = 10 美元~~

~~10 歐元 × 2 = 20 歐元~~

~~4002 韓元 / 4 = 1000.5 韓元~~

~~5 美元 + 10 美元 = 15 美元~~

~~將測試程式碼與生產程式碼分開~~

~~刪除多餘的測試~~

~~5 美元 + 10 歐元 = 17 美元~~

~~1 美元 + 1100 韓元 = 2200 韓元 #~~

~~根據所涉及的貨幣決定匯率（來源→目的）~~

~~改進未指定匯率時的錯誤處理~~

~~改善匯率的實作~~

允許修改匯率

本章的程式碼位於 GitHub 儲存庫（*https://github.com/saleem/tdd-book-code/tree/chap11*）中名為 “chap11” 的分支中。

第四部分

完成

第 12 章

測試順序

我的旅程一直是混亂與秩序之間的平衡。

—菲利普・珀蒂（Philippe Petit）

在第 11 章中，我們透過引入 Bank 實體進行了相對重大的設計變更。我們編寫的新測試和現有測試都幫助我們達成了這一目標。

新 Bank 實體的一個特點是，它能夠接受和儲存任何一對貨幣之間的匯率。我們設計（和測試）它的方式——將匯率儲存在雜湊圖和由兩種貨幣所形成的鍵裡面——讓我們有理由相信我們已經擁有列表中的下一個功能。這個功能就是**允許修改匯率**。

要對此功能具有信心的一種方法是（猜到沒有獎品喔）編寫測試來證明它。當功能可能已經存在時，我們為什麼還要編寫測試呢？換句話說，如果開發已經完成，新的測試還有可能會驅動什麼呢？

對這個問題我們可以提供三個答案：

1. 重複一遍：即使不需要新的生產程式碼，新的測試也會**增加我們**對該功能**的信心**。
2. 新測試將作為此功能的**可執行說明文件**。
3. 測試可能會暴露現有測試之間的**不慎互動**（*inadvertent interaction*），從而促使我們解決這些問題。

測試是記錄我們的程式碼的有效方法。因為我們可以（並且應該）為我們的測試使用有意義的名稱，並且因為它們詳細列出了功能是在做**什麼**（而不是它是**如何**工作），所以測試是新手瞭解我們程式碼的絕佳方式。當我們忘記程式碼行為的微妙而重要的細節時，它們甚至可以幫助我們重新定位**我們自己的**程式碼。正如我們即將看到的，編寫新的測試可以暴露現有測試的問題。

受到編寫測試的正當性的啟發，讓我們將注意力轉向列表中可能已經實作但未測試的功能：

~~5 美元 × 2 = 10 美元~~

~~10 歐元 × 2 = 20 歐元~~

~~4002 韓元 / 4 = 1000.5 韓元~~

~~5 美元 + 10 美元 = 15 美元~~

~~將測試程式碼與生產程式碼分開~~

~~刪除多餘的測試~~

~~5 美元 + 10 歐元 = 17 美元~~

~~1 美元 + 1100 韓元 = 2200 韓元 #~~

~~根據所涉及的貨幣確定匯率（來源→目的）~~

~~改進未指定匯率時的錯誤處理~~

~~完善匯率實作~~

允許修改匯率

改變匯率

我們將從修改現有的轉換測試開始。我們已經知道，使用兩種貨幣（例如，歐元→美元）之間的匯率進行轉換是可行的。我們將把為**同一對**貨幣添加**不同的**匯率這項功能加入測試中。我們將驗證後續轉換是否能使用這個新匯率。

如果我們的測試可以開箱即用，我們就會快速通過**綠色**階段。我們將在最後的階段完成任何必要的重構。

Go

讓我們在 `TestConversion` 的結尾再添加幾行程式碼。我們會把匯率修改為 1.3 並驗證它是否有效。我們還將重新命名測試以反映其意圖。以下是整個測試程式碼：

```
func TestConversion(t *testing.T) {
    tenEuros := s.NewMoney(10, "EUR")
    actualConvertedMoney, err := bank.Convert(tenEuros, "USD")
    assertNil(t, err)
    assertEqual(t, s.NewMoney(12, "USD"), *actualConvertedMoney) ❶
    bank.AddExchangeRate("EUR", "USD", 1.3) ❷
    actualConvertedMoney, err = bank.Convert(tenEuros, "USD") ❸
    assertNil(t, err)
    assertEqual(t, s.NewMoney(13, "USD"), *actualConvertedMoney) ❹
}
```

❶ 這是之前的測試的最後一行。

❷ 更新了同樣的兩種貨幣之間的匯率。

❸ 使用 `=` 而不是 `:=` 運算子來重用相同的變數。

❹ 驗證一下轉換是否考慮了更新後的費率。

瞧！測試在第一次嘗試時就通過了。

在重構時，我們更改了測試的名稱以讓它更能反映它的新意圖：`TestConversionWithDifferentRatesBetweenTwoCurrencies`。

出於好奇問一下：在此測試之後所執行的測試中，歐元和美元之間的匯率是否會保持在 1.3 ？這件事很容易驗證。讓我們在 `money_test.go` 檔案的 `TestConversionWithDifferentRatesBetweenTwoCurrencies` 之下編寫一個新測試（測試會按照它們在原始檔中所指定的順序執行）。

```
func TestWhatIsTheConversionRateFromEURToUSD(t *testing.T) { ❶
    tenEuros := s.NewMoney(10, "EUR")
    actualConvertedMoney, err := bank.Convert(tenEuros, "USD")
    assertNil(t, err)
    assertEqual(t, s.NewMoney(12, "USD"), *actualConvertedMoney) ❷
}
```

❶ 測試名稱反映了它的探索本質

❷ 測試主體是從 `TestConversionWithDifferentRatesBetweenTwoCurrencies` 測試的前半部分借用的

而測試會以倒霉的數字 13 失敗！

```
=== RUN   TestWhatIsTheConversionRateFromEURToUSD
    ... Expected {amount:12 currency:USD} Got {amount:13 currency:USD}
```

我們不必迷信：原來 `init()` 函數在測試執行期間只執行了一次，**而不是**在每個測試方法之前都執行。一個測試所修改的任何共享狀態對稍後執行的測試都是可見的。這就是我們得到 13 美元的方式。

Go 檔案中的每個 `init()` 函數會按照指定的順序執行一次（*https://oreil.ly/vnMDR*）。

讓我們的測試保持互相獨立是件好事：一個測試的行為滲入另一個測試而變成一種副作用並不是一件好事。

問題的根源在於這兩個事實的交互作用：

1. `bank` 是在幾個測試之間共享的。
2. 每次測試之前都沒有初始化這個共享狀態。

我們可以透過改變這兩個事實中的**任何一個**來解決這個問題。我們可以刪除共享程式庫，**或者**我們可以確保在每次測試之前都正確的初始化任何共享狀態。

保留共享的 `bank` 很有用：我們可以直接從任何需要它的測試中參照 `bank`。所以讓我們將 `bank` 的初始化移動到每次測試之前吧。

執行此操作的最簡單方法是將 `init` 重新命名為 `initExchangeRates`，並在需要預先填充匯率的 `bank` 的每個測試中外顯式的呼叫它：

```
func initExchangeRates() { ❶
        bank = s.NewBank()
        bank.AddExchangeRate("EUR", "USD", 1.2)
        bank.AddExchangeRate("USD", "KRW", 1100)
}
...
func TestAdditionOfDollarsAndWons(t *testing.T) {
        initExchangeRates() ❷
... ❸
}
```

❶ 這是舊的 `init` 方法，現在已經被重新命名了。

❷ 需要 `bank` 結構以在測試中外顯式的呼叫 `initExchangeRates` 。

❸ 其餘的測試是一樣的。

透過這些更改，所有測試都通過了。

我們是否應該保留我們編寫的探索性測試：`TestWhatIsTheConversionRateFromEURToUSD` 呢？它不會測試任何新的功能。它所做的只是在我們的測試中暴露了某種脆弱性——一種由測試之間無根據和不必要的依賴關係所引起的脆弱性。

我們**真正**需要的是一種可以將測試的執行順序隨機化的機制，以便我們可以在現在和未來找出存在於測試之間的任何此類錯誤的相互依賴關係。

隨機化 Go 測試的執行順序

Go 1.17 引入了 `-shuffle` 旗標，它允許我們隨機化測試執行的順序。下面是如何使用這個旗標的作法：

```
go test -v -shuffle on ./... ❶
```

❶ 此命令會以隨機順序打亂測試；`...` 必須按字面輸入

請多嘗試幾次，然後看看在您眼前測試執行順序的變化。無論順序如何，測試都應該會通過。

被添加到 Go 1.17 版本的 `go test` 命令中的 `-shuffle` 旗標（*https://oreil.ly/Mj7C6*），允許我們隨機化測試執行的順序。這有助於挖掘測試之間的任何意外的依賴關係。

滿足了我們的好奇心、並且知道現在有更好的方法來發現測試之間的意外耦合之後，我們就可以刪除 `TestWhatIsTheConversionRateFromEURToUSD` 測試了。它已經達到了它的目的。

Go 的 `testing` 套件提供了其他機制來設定和拆除測試之間的共同狀態。特別是，TableDrivenTests（*https://oreil.ly/Wae0X*）允許使用複雜的策略來組織您的測試。對這些策略的詳細討論雖然很有趣，但超出了本書的範圍。

JavaScript

我們將在 testConversion 的結尾添加幾行程式碼。我們將把歐元和美元之間的匯率修改為 1.3，並驗證此更改是否有效。這是更新後的測試方法：

```
testConversion() {
  let tenEuros = new Money(10, "EUR");
  assert.deepStrictEqual(this.bank.convert(tenEuros, "USD"),
    new Money(12, "USD")); ❶

  this.bank.addExchangeRate("EUR", "USD", 1.3); ❷
  assert.deepStrictEqual(this.bank.convert(tenEuros, "USD"),
    new Money(13, "USD")); ❸
}
```

❶ 這是我們之前的測試。

❷ 更新了同樣的兩種貨幣之間的匯率。

❸ 驗證一下轉換是否考慮了更新的費率。

瞧！測試按所寫的通過了。

我們重構了測試的名稱以讓它更能表明其目的：testConversionWithDifferentRatesBetweenTwoCurrencies。

不過，我們的測試有一個微妙的副作用。因為 bank 是所有測試之間的共享物件，所以我們更改了匯率這一事實對隨後執行的所有測試都是有作用的。我們可以透過在 testConversionWithDifferentRatesBetweenTwoCurrencies 之後編寫一個測試來驗證這一點（我們的測試按照它們在原始檔中宣告的順序被發現並執行）。

```
testWhatIsTheConversionRateFromEURToUSD() { ❶
  let tenEuros = new Money(10, "EUR");
  assert.deepStrictEqual(this.bank.convert(tenEuros, "USD"),
    new Money(12, "USD")); ❷
}
```

❶ 測試名稱反映了它的探索性

❷ 測試主體是從 testConversionWithDifferentRatesBetweenTwoCurrencies 測試的前半部分借用的

測試因斷言錯誤而必然的失敗了：

```
Running: testWhatIsTheConversionRateFromEURToUSD()
AssertionError [ERR_ASSERTION]: Expected values to be strictly deep-equal:
+ actual - expected
```

```
  Money {
+   amount: 13,
-   amount: 12,
    currency: 'USD'
  }
```

有幾種方法可以消除一種測試對另一種測試所產生的這種不良副作用。我們可以執行以下的任何一種操作：

1. 將歐元→美元的匯率恢復到在 `testConversionWithDifferentRatesBetweenTwoCurrencies` 結尾的 `constructor` 中所設定的值。
2. 測試 `Bank` 類別中的一個新功能（即 `removeExchangeRate`），然後在 `testConversionWithDifferentRatesBetweenTwoCurrencies` 的結尾使用它。
3. 使用 `testConversionWithDifferentRatesBetweenTwoCurrencies` 區域性的 `new Bank()` 物件，因此不會產生副作用。
4. 在我們的測試工具中測試驅動 "setUp / tearDown" 功能，它允許我們在每次測試之前建立一個 `new Bank()` 物件。
5. 在 `testConversionWithDifferentRatesBetweenTwoCurrencies` 中，使用在其他任何測試中都不會使用的不同匯率。

我們將使用倒數第二個選項並建立一個 `setUp` 方法。

我們有了一個失敗的測試，所以我們可以編寫程式碼讓它變成綠色。通往綠色的最短路徑是什麼呢？我們可以將 `constructor` 重新命名為 `setUp`，並在我們的 `runAllTests` 方法中的每個測試之前手動的呼叫它：

```
  setUp() { ❶
    this.bank = new Bank();
    this.bank.addExchangeRate("EUR", "USD", 1.2);
    this.bank.addExchangeRate("USD", "KRW", 1100);
  }
...
  runAllTests() { ❷
    let testMethods = this.getAllTestMethods();
    testMethods.forEach(m => {
      console.log("Running: %s()", m);
      let method = Reflect.get(this, m);
      try {
        this.setUp(); ❸
        Reflect.apply(method, this, []);
      } catch (e) {
        if (e instanceof assert.AssertionError) {
          console.log(e);
        } else {
```

```
          throw e;
        }
      }
    });
  }
```

❶ `constructor` 已被重新命名為 `setUp` 方法。

❷ 現有的 `runAllTests` 方法。

❸ 在每個測試方法呼叫之前呼叫 `setUp` 方法。

就這樣：測試套組通過了。我們增強了我們的測試工具，在每個測試方法之前呼叫一個 `setUp` 方法。如果需要，我們可以用幾乎相同的方式來添加 `tearDown` 方法——當然，我們會透過失敗的測試來驅動它！

我們現在可以刪除探索性 test `WhatIsTheConversionRateFromEURToUSD` 了——它已經達成了探索性目的。

隨機化 JavaScript 測試的執行順序

測試之間的相互依賴性可能來自多個根本原因。在我們的 JavaScript 測試中，共享的 `Bank` 就是這樣的原因之一。我們已經透過 `setUp` 方法解決了這個問題。但是我們如何能確定從一個測試進入到另一個測試時，不會有其他的不良副作用呢？

一種經常用於發現此類副作用的技術是隨機化測試順序。我們要如何做到這一點呢？我們可以使用 `Math.random()` 函數來打亂我們測試工具中的測試方法。以下是一個可以做到這一點的方法：[1]

```
randomizeTestOrder(testMethods) {
  for (let i = testMethods.length - 1; i > 0; i--) {
    const j = Math.floor(Math.random() (i + 1));
    [testMethods[i], testMethods[j]] = [testMethods[j], testMethods[i]];
  }
  return testMethods;
}
```

您要如何使用第 6 章中的表 6-2 來測試驅動上述方法呢？

請參閱 GitHub 儲存庫中的本章程式碼（*https://github.com/saleem/tdd-book-code/tree/chap12*）以查看結果。

---

[1] 靈感來自於 w3docs（*https://oreil.ly/y13Uw*）中的程式碼。

Python

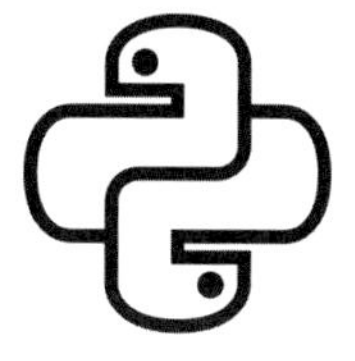

我們首先在 `testConversion` 的結尾添加幾行程式碼。我們將歐元和美元之間的匯率更改為 1.3，並對把這個新匯率用於兩種貨幣之間的第二次轉換進行斷言。以下是完整的測試方法：

```
def testConversion(self):
    tenEuros = Money(10, "EUR")
    self.assertEqual(self.bank.convert(tenEuros, "USD"), Money(12, "USD")) ❶

    self.bank.addExchangeRate("EUR", "USD", 1.3) ❷
    self.assertEqual(self.bank.convert(tenEuros, "USD"), Money(13, "USD")) ❸
```

❶ 這是我們之前的測試。

❷ 更新了同樣的兩種貨幣之間的匯率。

❸ 驗證一下轉換是否考慮了更新的費率。

成功了！測試在第一次嘗試時就通過了。

我們將測試重命名為 `testConversionWithDifferentRatesBetweenTwoCurrencies`。這樣可以更充分的捕捉到測試的新意圖。

出於好奇問一下，`testConversionWithDifferentRatesBetweenTwoCurrencies` 中所更新的歐元→美元匯率。對其他測試是否有作用？為了驗證這一點，我們可以編寫一個測試，而它的名稱反映了它會在所有其他測試之後執行。

預設情況下，Python 中的測試會按照測試方法名稱的字母順序（*https://oreil.ly/Auwug*）執行。

```
def testWhatIsTheConversionRateFromEURToUSD(self): ❶
    tenEuros = Money(10, "EUR")
    self.assertEqual(self.bank.convert(tenEuros, "USD"), Money(12, "USD")) ❷
```

❶ 測試名稱反映了它的探索性

❷ 這個測試的主體是從 `testConversionWithDifferentRatesBetweenTwoCurrencies` 測試的前半部分借用的

這個測試也通過了。太棒了！ Python 的測試框架可以確保從一個測試到另一個測試時不會產生副作用，因為 `setUp` 方法會在每個測試之前執行。

使用 Python 的 `unittest` 套件、子類別化 `TestCase` 類別並覆寫 `setUp` 方法可以促進測試隔離。`setUp` 方法會在*每*次測試之前執行，確保會重新建立公用物件。

隨著我們對測試獨立性的好奇心被平息之後，我們刪除了 `testWhatIsTheConversionRateFromEURToUSD`——它只是起了短暫的作用。

隨著這一次的快速 RGR 循環，我們做完了這個功能。

隨機化 Python 測試的執行順序

當我們使用 `python3 test_money.py` 來執行 Python 測試時，測試會按名稱的字母順序執行。我們是否能夠隨機化這些測試的執行順序，以暴露測試之間潛伏的任何其他邪惡的相互依賴關係呢？

pytest-testing 框架（*https://docs.pytest.org*）中的 pytest-random-order 外掛程式（*https://oreil.ly/heHzg*）允許我們這樣做。到目前為止，我們在本書中還沒有使用任何的測試框架。附錄 B 介紹了 PyTest，它與我們編寫的 Python 測試相容。

使用帶有 pytest-random-order 外掛程式的 Pytest，我們可以透過執行以下命令輕鬆的隨機化我們的測試：

```
pytest -v --random-order ❶
```

❶ 使用 pytest-random-order 外掛程式來執行我們的 Python 測試

沒錯！這將會以隨機順序執行測試。每次執行的精確順序會有所不同，因而增加了測試之間的任何副作用會透過失敗而暴露出來的可能性。

提交我們的變更

我們添加了測試來展示現有功能。讓我們在 Git 提交訊息中強調這一點：

```
git add .
git commit -m "test: verified behavior when modifying an existing exchange rate"
```

我們在哪裡

在本章中，我們添加了測試來記錄現有功能並瞭解了測試的獨立性。我們研究了將測試的執行順序隨機化的方法，以暴露任何無意間產生的副作用。這使我們的整個測試套組更加的強固。

測試——尤其是單元測試——應該要互相獨立。一項測試不應依賴於另一項測試所導致的成功、失敗甚至副作用。

我們已經完成了列表中的所有功能。

還有一個我們的程式碼可以從中受益的一個重要層面。它不是生產程式碼中會出現的功能，也就是我們在前幾章中所添加的那些。它甚至不是一個能讓我們更有信心的測試，就像是我們在本章中所做的那些。它是會透過持續驗證我們的程式碼來增加價值的那個東西。

本章的程式碼位於 GitHub 儲存庫（*https://github.com/saleem/tdd-book-code/tree/chap12*）中名為 “chap12” 的分支中。

第 13 章

持續整合

持續整合的原則也適用於測試，這也應該是開發過程中的持續活動。

—Grady Booch 等人，《*Object-Oriented Analysis and Design with Applications*》（Addison-Wesley，2007 年）

透過持續整合，您的軟體可被證明在每次有新的更改時都能正常運作（假設有一套足夠全面的自動化測試）——且您知道它何時會中斷並可以立即修復它。

—Jez Humble 和 David Farley，《*Continuous Delivery*》（Addison-Wesley，2010）

軟體熵（entropy），就像它在熱力學中的對應物一樣，是系統中的失序程度會隨著時間的前進而增加的原理。物理學中可能沒有擺脫熵的方法——熱力學第二定律讓這件事不可能發生。但有沒有辦法阻止軟體中的熵呢？

我們目前對程式碼混亂的破壞性影響的最佳防禦是**持續交付**（*continuous delivery, CD*）。該術語來自敏捷宣言（Agile Manifesto）（*https://agilemanifesto.org/principles.html*）背後的第一條原則，它將透過"早一點和持續的交付有價值的軟體"來將顧客滿意度排在最前面。

一個在敏捷宣言之前大約十年的相關術語是**持續整合**（*continuous integration, CI*），它是由 Grady Booch 創造並由 Kent Beck、Martin Fowler、Jez Humble、David Farley 等人改進。在擁有多個開發人員的團隊中，可靠的程式碼整合更為重要，因此應該要經常進行。[1]

[1] Martin Fowler 將持續整合（*https://oreil.ly/vS6k1*）定義為"一種軟體開發實務，在其中團隊成員會經常整合他們的工作，通常每個人至少每天進行一次整合——導致每天進行多次整合"。

為了讓持續整合能夠存在，必須要有自動化測試。否則我們怎麼知道新的更改已經與現有程式碼"整合"了呢，因為沒有多少人力可以隨著軟體的增長而"持續"測試軟體。這一點非常重要，可以重點重申。

沒有自動化測試就沒有持續整合。

為了從我們迄今為止編寫的單元測試中獲得更多價值，我們可以把它們當作是持續整合建構過程的一部分來執行。這可以使用多種工具來完成。在倒數第二章中，我們將使用 GitHub Actions 來設置一個持續整合伺服器。

核心概念

持續整合是軟體成熟度連續體中的第一階段，它會演變成持續部署（continuous deployment）並最終實現持續交付。因此，CI 是邁向持續交付的第一步。

圖 13-1 顯示了持續整合、部署和交付（CI/CD）的總體概觀。

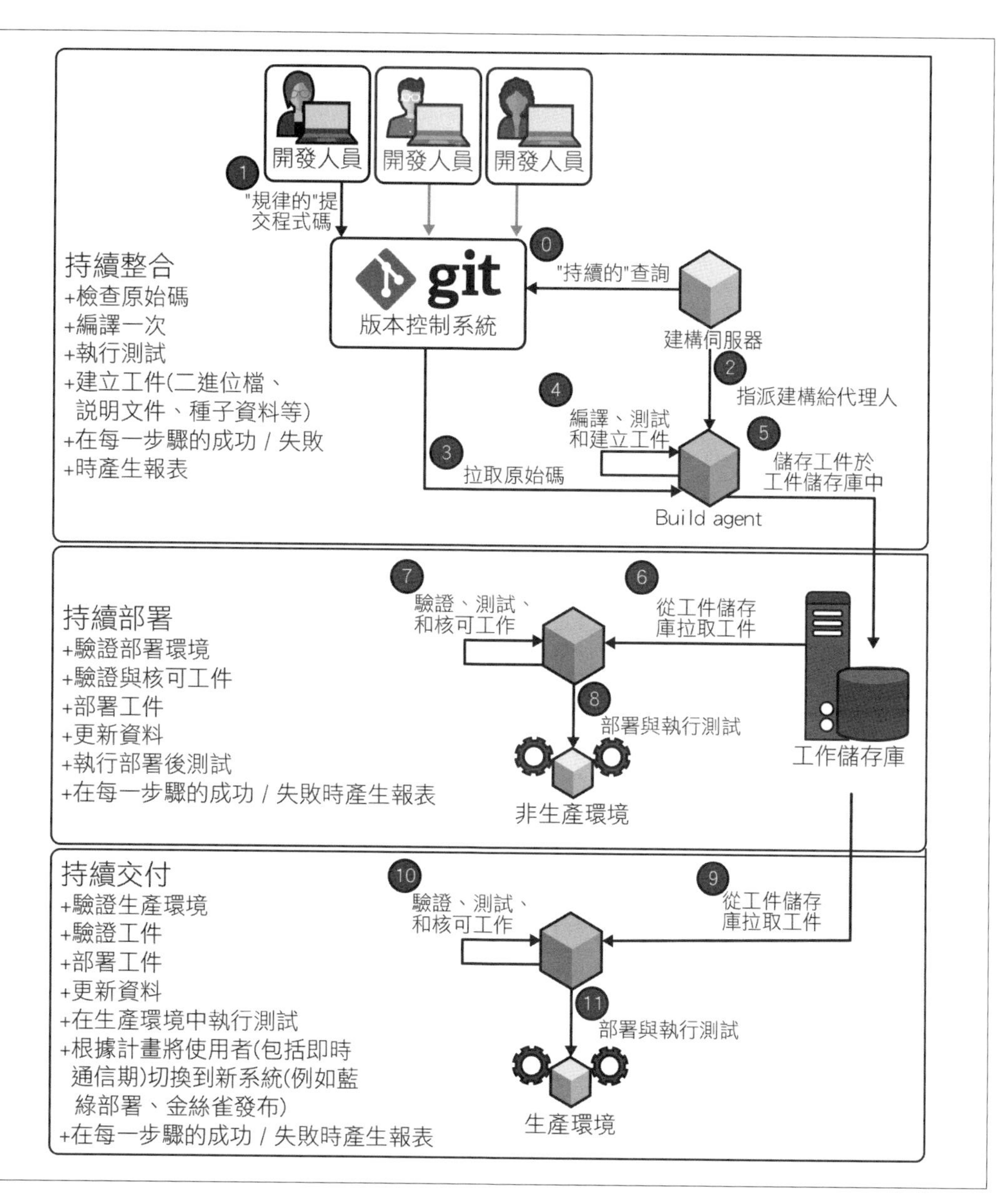

圖 13-1　持續整合和持續部署是持續交付的進化前兆

版本控制

持續整合要求建構軟體所需的所有程式碼，都儲存在**版本控制**（*version control*）系統中。

版本控制系統必須至少提供以下功能：

1. 以任意的結構和深度來儲存檔案和資料夾目前（最新）的修訂。
2. 將這些檔案和資料夾儲存在一個統一的“儲存庫”下，而不僅僅是把它們當作是不同的元素。
3. 儲存檔案和資料夾的舊的（歷史的）修訂——包括那些隨後被刪除、重新命名、移動或以其他方式修改的修訂。
4. 對所有這些檔案和資料夾的所有修訂（包括當前的修訂），進行離散和按時間順序的版本控制，以便輕鬆、明確的追蹤任何一個檔案的歷史紀錄。
5. 能夠以確定的方式將更改推送（提交）到程式碼儲存庫（也就是說，應該根據明確的規則接受或拒絕推送）。
6. 能夠查詢程式碼儲存庫以偵測任何新的更改。
7. 為“推送程式碼”、“拉取程式碼”和“查詢更改”功能提供 CLI。

此外，以下這些功能會是我們非常想要的：

8. 在程式碼庫中儲存多個獨立的分支，可以在其中建立（分叉（fork））、刪除和重新加入（合併）其他分支。
9. 解決衝突的能力（當對同一個檔案 / 資料夾進行兩個或多個不相容的更改時，會發生這種情況）。
10. 在 CLI 中提供所有功能，無需借助 GUI。這有利於自動化。
11. 為需要 / 喜歡它的使用者支援或提供 GUI。這有助於它廣泛被採用。

在一般的實務中，開發團隊的每個成員都會定期的將他們的程式碼提交到一個（或多個）共享程式碼儲存庫中。每個人都可能會在一個典型的工作天內多次提交程式碼，導致每天執行數打（甚至數十個）CI 建構。

像 Git（*https://git-scm.com*）這樣的版本控制系統，提供了上面列出的所有功能還有許多其他功能。Git 可以當作沒有集中儲存庫的分散式版本控制系統——各個開發人員以同儕（peer-to-peer）的方式相互共享程式碼。Git 的“補丁（patch）”功能可用於使用任何現有的頻外（out-of-band）機制與其他團隊成員共享更改，例如共享網路資料夾甚至電子郵件。

為了啟用 CI，具有一個所有開發人員都能連接到的**集中式**（*centralized*）Git 伺服器是更為常見的。這個集中式 Git 伺服器包含限定的和標準的程式碼儲存庫。所有其他團隊成員都應該將程式碼推送到這個集中式 Git 伺服器並從中拉取程式碼。

關於集中式 Git 伺服器，去使用平台即服務（platform as a service, PAAS）供應商[2]，而不是安裝和維護自己的 Git 伺服器是非常普遍的（幾近全部）。現成可用的 PAAS Git 供應商，包括提供慷慨的"零價格"層的那幾個——例如 GitHub（*https://github.com*）、GitLab（*https://gitlab.com*）和 Bitbucket（*https://bitbucket.org*）——讓這成為一個不可抗拒的選擇。

建構伺服器和代理

自動執行建構需要多個程序：

1. 一個**建構伺服器**（*build server*）程序，用於定期監控版本控制系統並偵測任何的更改
2. 一個在有變更時執行建構的**建構代理**（*build agent*）程序
   - 可能有多個建構代理程序同時在執行建構、在不同作業系統上執行它們或使用不同的依賴項集合來建構它們。

通常，建構伺服器會為每個需要執行的建構而徵召一個建構代理。建構代理獨立於其他的建構代理（因此也不會知道它們的存在）。

在本書中，我們將使用 GitHub Actions 所提供的建構伺服器和建構代理。我們將使用宣告式程式設計來指示我們需要哪些建構代理以及應該在其上安裝什麼。這種宣告式風格在 CI/CD 系統（如 GitHub Actions）中很常見，GitHub Actions 提供基於雲端的建構代理。

如果建構代理彼此是獨立的，那它們要如何共享工件呢？這就是工件儲存庫的用武之地。

工件儲存庫

為了在建構代理之間共享建構工件，會使用**工件儲存庫**（*artifact repository*）。原則上，工件儲存庫是每個建構代理都可以存取的共享檔案系統。

[2] 這裡是一個很好的 PAAS 入門（*https://oreil.ly/NVq9x*）。

工件儲存庫所提供的進階功能可能包括每個建構工件的版本控制、為了達成可恢復性的工件無縫備份、以及細緻的讀 / 寫權限（也就是說，允許特定的建構代理或其他程序依需求進行唯讀或讀寫存取）。

工件儲存庫類似於版本控制系統，因為兩者都是用來儲存和版本化檔案和資料夾的。兩者甚至可以共享相同的底層實作。它們的主要區別在於儲存了**什麼**。版本控制系統用來儲存由製作軟體的開發人員直接編寫和管理的原始檔。相反的，工件儲存庫則是儲存由建構軟體的行為所產生的檔案。而其中許多檔案是二進位檔案——可執行程式、程式庫和資料檔案。但是，還有其他不是二進位的生成檔案：API 和程式碼說明文件、測試結果，甚至是在建構過程中生成的原始檔。無論檔案是二進位檔案（人眼無法閱讀）還是人類可讀檔案，將它們儲存在工件儲存庫中可確保它們與原始檔（軟體系統的源頭）分開。

轉譯器（*transpiler*）（*https://oreil.ly/5isdB*）是一個將給定原始檔產生為新原始檔（通常使用不同的語言）的程式。產生的原始碼可能會為了可讀性而進行格式化（例如，從 CoffeeScript 產生的 JavaScript），或出於大小或其他考慮（例如，在載入到 Web 瀏覽器之前縮小 CSS 或 JavaScript 檔案）而最小化。

在本章中我們不需要工件儲存庫，因為我們沒有任何工件可以在不同的建構之間共享。但是，GitHub 確實提供了一種機制，可以使用用來儲存原始碼的同一個程式碼儲存庫，來儲存建構工件（*https://oreil.ly/1ux43*）。

部署環境

在建構代理中成功的執行 CI 建構之後，需要將由此產生的建構工件部署到**部署環境**（*deployment environment*）中。這允許對這些工件進行測試（主要透過自動化測試，但也會由人類來做）並發布給最終使用者（主要是人，但也包括自動化系統）。

將建構工件部署到一個或多個部署環境，是達成持續部署和持續交付的關鍵步驟。

在本章中，我們將關注第一階段：持續整合。持續部署和持續交付（在環境中部署套件化軟體並確保將其交付給最終使用者）不在本書的範圍內。

把它們放在一起

我們將使用 GitHub Actions 把持續整合添加到我們的專案中。這需要我們設置和驗證 GitHub 帳號，並可能更改一些配置資訊（例如，雙要素驗證（two-factor authentication）和 / 或 SSH 密鑰）。這些步驟與設置 CI 生產線的動作無法有直接關係，而更適合在介紹 GitHub 的書中說明。本章的其餘部分將重點介紹讓我們的程式碼在持續整合生產線中工作的步驟。

以下是為我們的程式碼建構 CI 生產線的步驟：

1. 建立和 / 或驗證我們的 GitHub 帳號。
2. 在 GitHub 中新建一個專案。
3. 將我們的程式碼庫推送到 GitHub。
4. 準備 CI 建構腳本的原始碼。
5. 為每種語言（Go、JavaScript 和 Python）建立一個 CI 建構腳本。
6. 將建構腳本推送到 GitHub。

建立您的 GitHub 帳號

如果要使用 GitHub Actions 來建立 CI 生產線，我們需要一個 GitHub 帳號。如果您已經有 GitHub 帳號，那就太好了！您可以跳過本節。

如果您還沒有 GitHub 帳號，請拜訪 *https://github.com* 來建立一個帳號。您無需為免費帳號支付任何費用，而它就足以滿足我們的需求了（對於許多個人開發者來說，一個免費的 GitHub 帳號就足夠了，因為它允許無限大小的公共和私人儲存庫、以及每月 2000 分鐘的 GitHub Actions）。

使用 GitHub Actions 的每一分鐘（或其中一部分）活動都計入您的每月配額，也就是 GitHub 免費計畫的 2,000 分鐘。

建立 GitHub 帳號所需的只是一個有效的電子郵件地址。在此強烈建議您設定兩要素身分驗證，這可以透過多種方式來完成。有關更多的詳細資訊，請參閱 GitHub 的說明文件（*https://oreil.ly/MPEZc*）。

驗證您的 GitHub 帳號

請確保您可以登錄到您的 GitHub 帳號。如果您決定使用 SSH 協定與 GitHub 來互動，則需要產生並添加 SSH 密鑰。如果您在 GitHub 上有其他的專案，並且您經常向它們推送和拉取程式碼時，那麼您可能不需要經常驗證您的 GitHub 帳號。

使用 SSH 允許您指定特定裝置（例如您的開發用電腦）來受 GitHub 信任（*https://oreil.ly/ydY6K*）。這意味著您可以不用在每次存取時，都要指定您的使用者名稱和個人存取符記（token）。

如果您有一段時間沒有使用您的 GitHub 帳號，您可能需要分叉一個儲存庫以驗證您的帳號是否處於原始工作狀態。請連結至 *https://github.com/saleem/tdd-book-code* 並使用 "Fork" 選項來分叉儲存庫。請參見圖 13-2。

圖 13-2　分叉一個儲存庫，例如包含本書程式碼的儲存庫，以驗證您的 GitHub 帳號是否按預期工作

當然，在本章的其餘部分，您將使用您親手寫的（並且非常珍視的）程式碼——而不是您從本書的 GitHub 網站所分叉的預製的、且不那麼聰明的程式碼！分叉的目的是驗證您的 GitHub 帳號是否能正常運作。

將程式碼庫推送到 GitHub

直到上一章結束為止，我們都會定期將程式碼提交到本地端 Git 儲存庫。現在是時候將我們的程式碼庫推送到 GitHub 了。這兩個動作之間的概念差異如圖 13-3 所示。

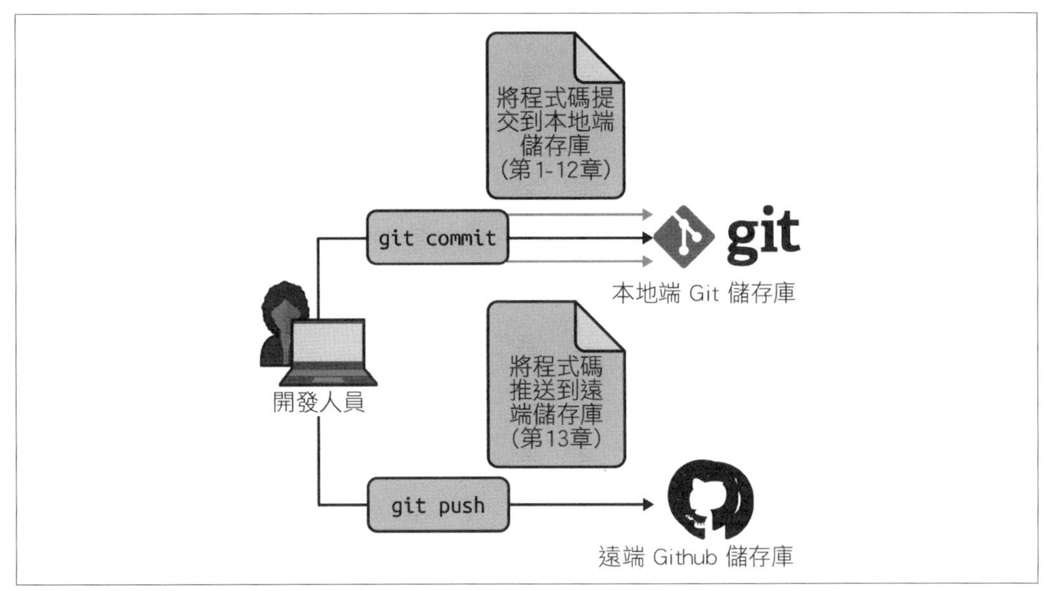

圖 13-3　將程式碼提交到本地端儲存庫、和將程式碼推送到遠端儲存庫之間的區別

我們首先在 GitHub 中建立一個專案，該專案將包含我們本地端程式碼庫中的所有程式碼。為此，我們單擊 "New Repo" 按鈕。這將啟動一個簡短的（兩個螢幕畫面）工作流程來建立一個新的儲存庫。

圖 13-4 顯示了第一個螢幕畫面。這是我們輸入儲存庫名稱的地方。我們使用 `tdd-project` 作為名稱，它與我們的 TDD 專案根資料夾的名稱相同。這使我們更容易記住。我們還可以選擇將儲存庫設為私有的以便其他人無法看到它，或者將其設為公開的以便我們可以與其他人協作。請**不要**選擇 "Initialize this repository with" 標題下的任何選項。現在我們已經有了一個包含了多個檔案的儲存庫了。

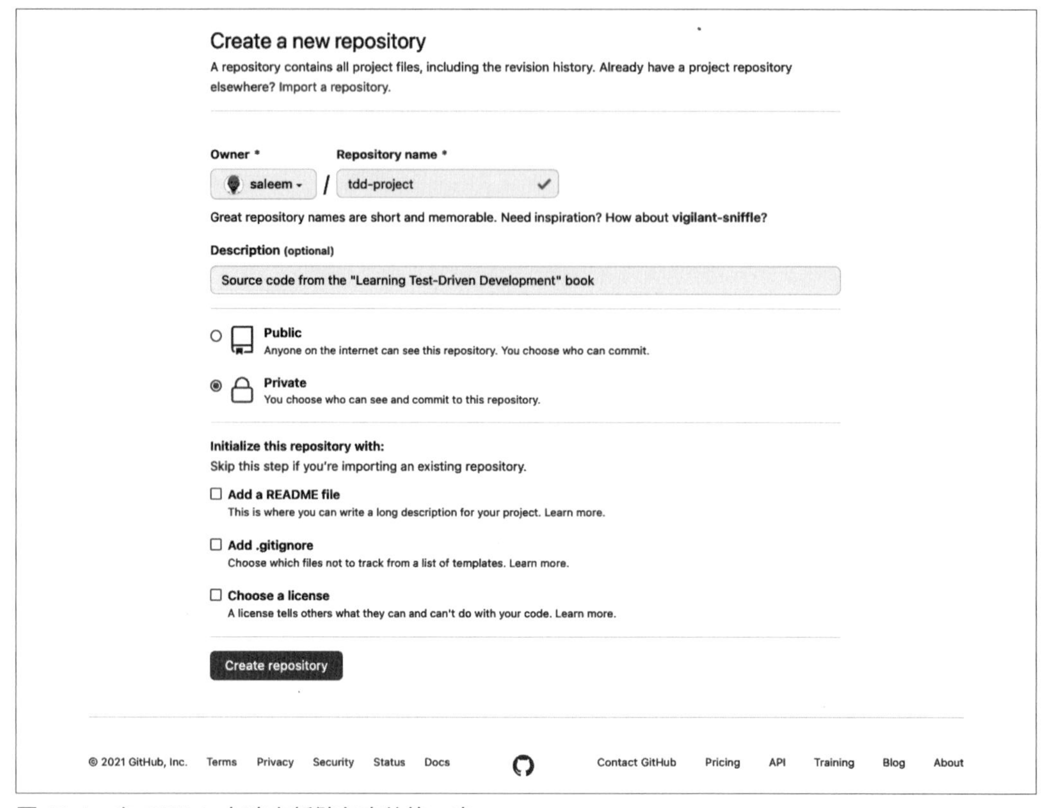

圖 13-4　在 GitHub 上建立新儲存庫的第一步

第二個螢幕畫面顯示了快速設置指南。我們將使用 “...or push an existing repository from the command line” 部分下的說明，如圖 13-5 所示。

本節中的命令行說明已針對您的 GitHub 帳號名稱進行了配置——您只需逐字複製並貼上三行程式碼即可。請讓瀏覽器螢幕畫面如圖 13-5 所示，然後使用殼層視窗中的命令將程式碼推送到 GitHub 上。

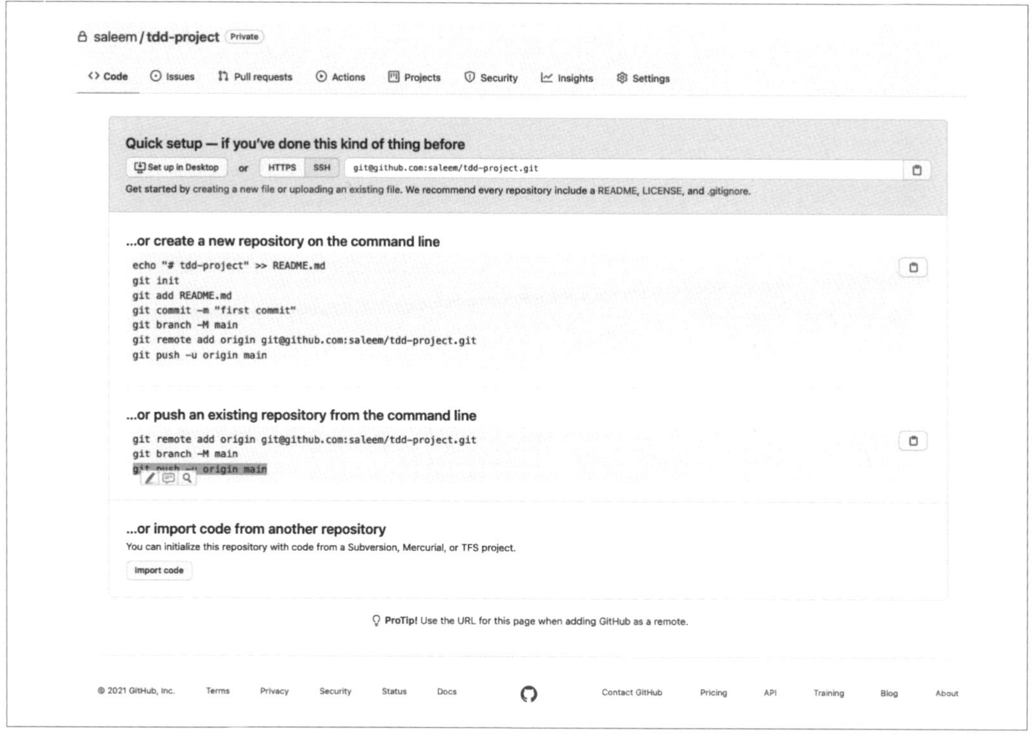

圖 13-5　在 GitHub 上建立新儲存庫的第二步

圖 13-6 顯示了對我的 GitHub 儲存庫執行三個命令的結果。請注意，前兩個命令會安靜的完成。第三個命令── `git push -u origin main`，會在螢幕上產生了一些輸出。

```
tdd-project> git remote add origin git@github.com:saleem/tdd-project.git
tdd-project> git branch -M main
tdd-project> git push -u origin main
Enumerating objects: 109, done.
Counting objects: 100% (109/109), done.
Delta compression using up to 12 threads
Compressing objects: 100% (100/100), done.
Writing objects: 100% (109/109), 15.71 KiB | 2.62 MiB/s, done.
Total 109 (delta 36), reused 0 (delta 0), pack-reused 0
remote: Resolving deltas: 100% (36/36), done.
To github.com:saleem/tdd-project.git
 * [new branch]      main -> main
Branch 'main' set up to track remote branch 'main' from 'origin'.
tdd-project> _
```

圖 13-6　將程式碼從我們的本地端 Git 儲存庫推送到 GitHub 儲存庫

成功的將程式碼推送到 GitHub 之後，只需更新之前顯示命令的瀏覽器視窗（如圖 13-5 所示）。該瀏覽器網頁的內容應該會發生變化，向您顯示您剛剛推送的程式碼，如圖 13-7 所示。

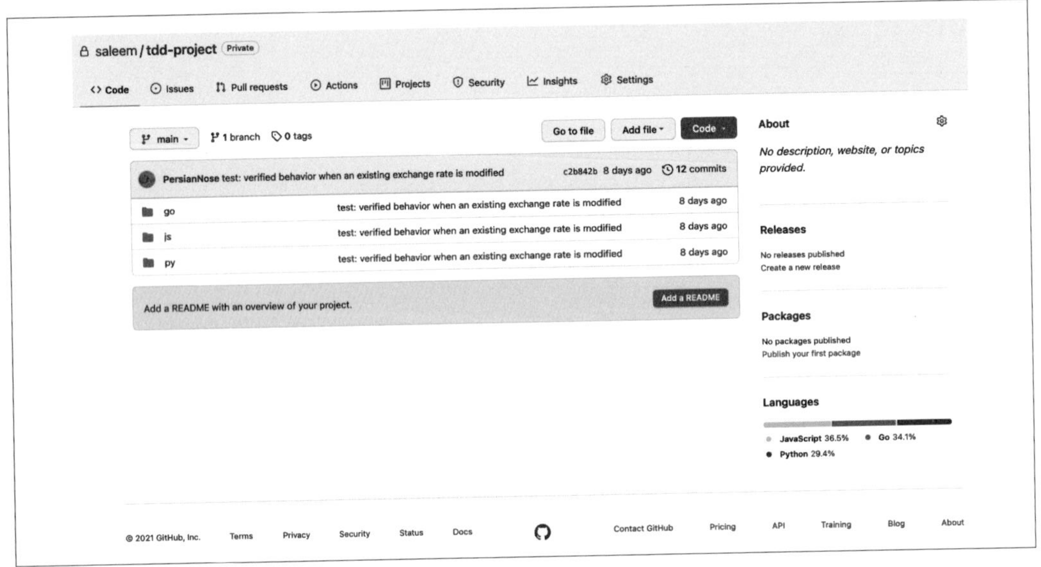

圖 13-7　推送到 GitHub 儲存庫後的程式碼

我們的程式碼已經準備好用持續整合的魅力來進行美化了！

準備 CI 建構腳本

我們的程式碼放在不同的資料夾，每一個資料夾分別包含三種語言的原始碼。這是 TDD_PROJECT_ROOT 資料夾下的完整資料夾結構：

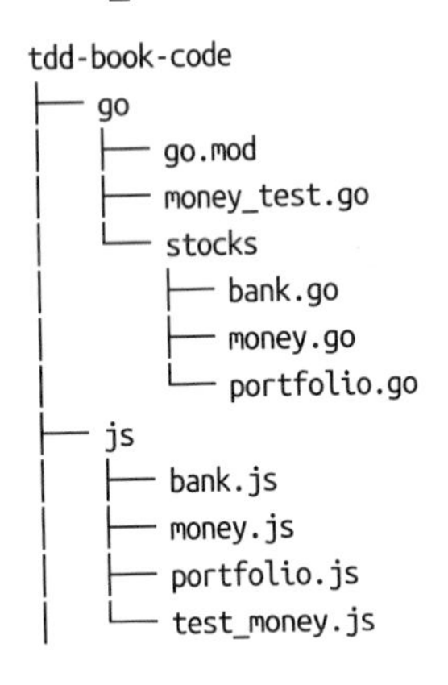

```
tdd-book-code
├── go
│   ├── go.mod
│   ├── money_test.go
│   └── stocks
│       ├── bank.go
│       ├── money.go
│       └── portfolio.go
├── js
│   ├── bank.js
│   ├── money.js
│   ├── portfolio.js
│   └── test_money.js
│
```

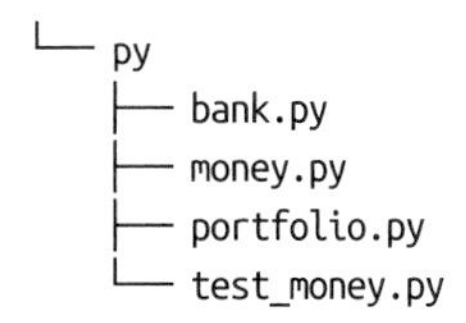

```
└── py
    ├── bank.py
    ├── money.py
    ├── portfolio.py
    └── test_money.py
```

我們的 CI 建構腳本將位於一個新的資料夾中，事實上它會是一個新資料夾下的新子資料夾。它需要被命名為 `.github/workflows`。請注意在前面的 `.` ！您必須按照這個名稱來建立此資料夾。

使用 GitHub 工作流程的持續整合腳本，必須位於 `TDD_PROJECT_ROOT` 下名為 `.github/workflows` 的資料夾中。

要建立此資料夾，請在切換到 `TDD_PROJECT_ROOT` 資料夾，然後在殼層中鍵入以下命令：

```
mkdir -p .github/workflows
```

這將同時建立 `.github` 資料夾以及它下面的 `workflows` 資料夾。

我們的 CI 腳本將採用 YAML 格式。我們用於 Go、JavaScript 和 Python 的 YAML 腳本將遵循類似的結構，如以下程式碼片段所示：

```
name: Name of script ❶
on:
  push:
    branches: [ main ] ❷
jobs:
  build:
    name: Build ❸
    strategy:
      matrix: ❹
...
        platform: [ubuntu-latest, macos-latest, windows-latest] ❺
    runs-on: ${{ matrix.platform }} ❻
    steps: ❼
    - name: Set up language-specific environment ❽
...
    - name: Check out code
      uses: actions/checkout@v2 ❾
    - name: Test ❿
      run:...
      shell: bash ⓫
```

❶ 整個腳本的有意義的名稱。

❷ 該腳本會在每次推送到主分支時執行。

❸ 每個腳本中只有一個 `job`，名為 `Build`。

❹ 我們使用 `matrix` 來建構 `strategy`，這允許我們在多個作業系統和語言版本上進行建構。

❺ 我們表明我們打算在 `matrix.platform` 變數使用 " 最新（latest）" 版本的 Ubuntu、macOS 和 Windows 作業系統。

❻ 在這裡用之前定義的 `matrix.platform` 變數來執行建構。

❼ 對於每個 CI 腳本，我們的建構工作會剛好包含三個步驟。

❽ 第一步：在這裡完成語言特定的環境配置。

❾ 第二步：這是我們檢查程式碼的方式，不管使用哪種語言。

❿ 第三步：特定於語言的命令將在此處 `run` 測試。

⓫ 我們指定前述的第三步中的命令應該使用 Bash 殼層。

YAML —— "YAML Ain't Markup Language" 是一種遞迴又拗口的首字母縮寫詞——是一種資料序列化標準，廣泛用於配置檔案，例如我們的持續整合腳本。它的官方網站是 *https://yaml.org*。

腳本的結構很密集，但卻很有衝擊力！讓我們分析一下它的各個組成部分。

第一行是腳本的名稱。此腳本中的許多地方都使用了 `name` 屬性。這個名稱可以是我們想要的任何東西；因此，最好將其命名為很能夠描述這個腳本目的的名稱。我們會根據其所使用的語言來命名每個腳本。

接下來我們會描述腳本應該何時執行。`on: {push: {branches: [ main ]}}` 部分規定了腳本應該在每次推送到主分支時執行。[3]

[3] YAML 字典的單行表達法需要使用大括號。或者，我們可以使用具有縮排的多行表達法，正如我們實際在 YAML 檔案中所做的那樣。這是 YAML 的基本教程（*https://oreil.ly/SjYru*）。

接下來我們將定義我們的 `jobs` 區段。每個腳本中只有一項工作：`build`。我們選擇 "Build" 作為這項工作的 `name`。我們為建構選擇了 " 矩陣策略（matrix strategy）"。矩陣策略是 GitHub Actions 提供的一個強大功能：它允許我們在多個作業系統、語言編譯器等之上執行相同的建構。這對於確保我們的程式碼能夠在各種環境中建構以及執行非常有幫助，而不僅僅是我們目前正在使用的那個。如果您曾經聽過 " 它在我的機器上可以執行 " 這個笑話的任何衍生版本，您就會知道這個功能的重要性！

我們的 `matrix` 包含了兩個維度：作業系統和語言編譯器。我們將為每種語言選擇三個流行的作業系統家族：Ubuntu、macOS 和 Windows。每種語言的編譯器維度將會有所不同。`runs-on` 屬性可以確保我們的建構將在這三個作業系統上執行。

圖 13-8 顯示了矩陣的一般結構。

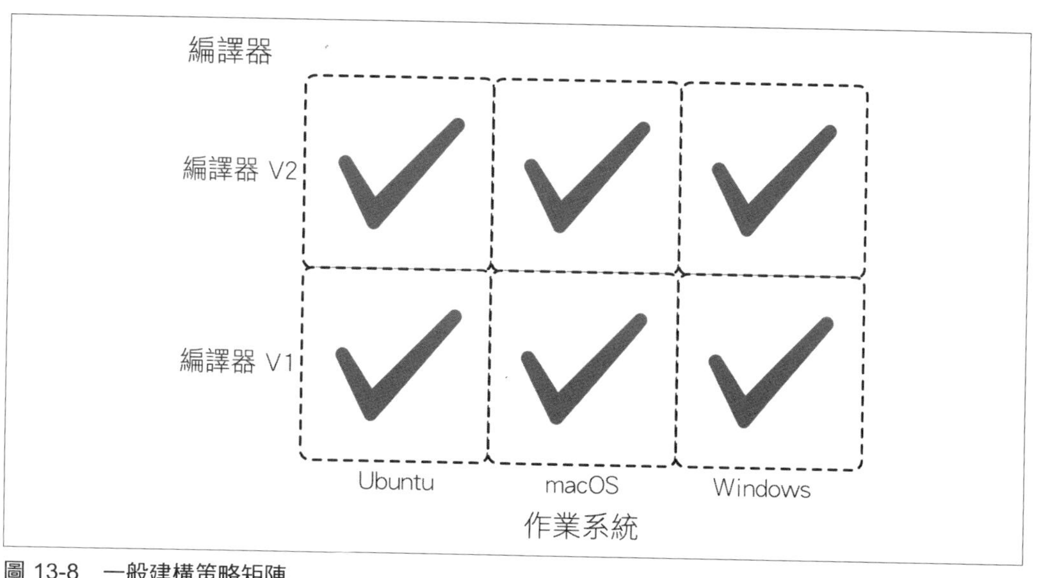

圖 13-8　一般建構策略矩陣

最後一部分列出了我們建構過程中的 `steps`。每個 CI 腳本將包含三個步驟，其中第一個和最後一個是特定於語言的：

1. 第一步將設置該語言所需的建構環境。
2. 第二步是要檢查 GitHub 儲存庫中的程式碼，這步驟對所有三個建構腳本都是一樣的。此步驟使用了 GitHub Actions 所提供的 `checkout` 動作。

3. 最後一步執行對特定語言的測試。這一步對我們來說很熟悉：它將包括為本書所使用的每種語言執行測試的命令。

活躍的開發人員社群編寫了許多現成的 GitHub Actions。我們將在 CI 建構腳本中使用其中的幾個動作。有關詳細資訊，請參閱 *https://github.com/actions*。

透過對 CI 建構腳本和 YAML 結構的概述，讓我們開始為我們的三種語言編寫特定的建構腳本。

Go

對於 Go，我們將選擇支援該語言的 1.16 和 1.17 版本。儘管我們一直使用 Go 1.17 來建構本書中的程式碼，但能夠支援該語言的兩個版本還是很有價值的。Go 的發布歷史聲明了它會支援最近的兩個主要版本（*https://oreil.ly/S8QNR*）。

對於第一個建構步驟，我們將使用 GitHub Actions 所發布的 `setup-go` 動作來設置我們的 Go 環境。

對於第三個建構步驟，我們將執行四個不同的任務：

1. 將 `GO111MODULE` 環境變數設定為 `on`。
2. 將 `GOPATH` 環境變數設置為空字串。
3. 切換到 `TDD_PROJECT_ROOT` 下的 `go` 目錄。
4. 使用久經考驗的 `go test -v ./...` 命令 [4] 來執行我們的測試

我們對所有這些任務都很熟悉。我們在第 0 章中遇到了前兩個。另外的兩個我們在整個工作過程中都有使用過。

瞭解了 Go 的這些特殊注意事項後，我們在 `.github/workflows` 資料夾中建立了一個名為 `go.yml` 的檔案。以下是該檔案的完整內容：

[4] 回想一下 `go test -v ./...` 中的三個點是要按字面輸入的；它們不代表任何省略的程式碼！

```
name: Go CI ❶
on:
  push:
    branches: [ main ]
jobs:
  build:
    name: Build
    strategy:
      matrix:
        go-version: [1.16.x, 1.17.x] ❷
        platform: [ubuntu-latest, macos-latest, windows-latest]
    runs-on: ${{ matrix.platform }}
    steps:
    - name: Set up Go ${{matrix.go-version}}
      uses: actions/setup-go@v2 ❸
      with:
        go-version: ${{matrix.go-version}} ❹
    - name: Check out code
      uses: actions/checkout@v2
    - name: Test
      run: | ❺
        export GO111MODULE="on" ❻
        export GOPATH="" ❼
        cd go ❽
        go test -v ./...❾
      shell: bash
```

❶ Go CI 腳本的名稱。

❷ 我們支援的 Go 的兩個版本。

❸ 我們使用預製的 `setup-go` 動作的 v2 版本。

❹ 這裡指的是上面定義的 `go-version` 屬性。

❺ 執行的任務使用管線（pipe）| 運算子來連續執行。

❻ 將 `GO111MODULE` 設定為 `"on"`。

❼ 透過將 `GOPATH` 設定為空字串來清除它。

❽ 切換到 `go` 資料夾。

❾ 執行我們所有的 Go 測試。

就這樣：我們的 Go 持續整合建構腳本已經準備就緒了。

JavaScript

我們將 JavaScript 程式碼鎖定在 Node.js 版本 14 和 16。我們將在 `matrix` 中使用這些版本的最新次要（minor）版本。

對於第一個建構步驟，我們將使用 GitHub Actions 所發布的 `setup-node` 動作來設置我們的 Node.js 環境。

對於第三個建構步驟，我們將使用我們熟悉的 `node js/test_money.js` 命令來執行所有的 JavaScript 測試。

我們會在 `.github/workflows` 資料夾中建立一個名為 `js.yml` 的檔案，其中包含了上述配置的細節。以下是該檔案的完整內容：

```
name: JavaScript CI ❶
on:
  push:
    branches: [ main ]
jobs:
  build:
    name: Build
    strategy:
      matrix:
        node-version: [14.x, 16.x] ❷
        platform: [ubuntu-latest, macos-latest, windows-latest]
    runs-on: ${{ matrix.platform }}
    steps:
    - name: Set up Node.js ${{ matrix.node-version }}
      uses: actions/setup-node@v2 ❸
      with:
        node-version: ${{ matrix.node-version }} ❹
    - name: Check out code
      uses: actions/checkout@v2
    - name: Test
      run: node js/test_money.js ❺
      shell: bash
```

❶ JavaScript CI 腳本的名稱。

❷ 我們支援的 Node.js 的兩個版本。

❸ 我們使用預製的 `setup-node` 動作的 v2 版本。

❹ 這裡指的是上面定義的 `node-version` 屬性。

❺ 執行我們所有的 JavaScript 測試。

儲存了這些配置的更改之後，我們的使用了 Node.js 的 JavaScript CI 構建腳本就可以使用了。

Python

截至 2021 年底，Python 的兩個最新版本（*https://oreil.ly/PM13F*）是 3.9 和 3.10。我們將鎖定這兩個版本的最新次要版本號碼，即 3.9.x 和 3.10.x。

對於第一個建構步驟，我們將使用 GitHub Actions 所發布的 `setup-python` 動作來設置我們的 Python 環境。

對於第三個建構步驟，我們將使用我們現在已經很熟悉的 `python py/test_money.py -v` 命令來執行所有 Python 測試。

讓我們在 `.github/workflows` 資料夾中建立一個名為 `py.yml` 的檔案，裡面包含了這些配置的詳細資訊。以下是該檔案的整體外觀：

```
name: Python CI ❶
on:
  push:
    branches: [ main ]
jobs:
  build:
    name: Build
    strategy:
      matrix:
        python-version: [3.9.x, 3.10.x] ❷
        platform: [ubuntu-latest, macos-latest, windows-latest]
    runs-on: ${{matrix.platform}}
    steps:
    - name: Set up Python ${{ matrix.node-version }}
      uses: actions/setup-python@v2 ❸
      with:
        python-version: ${{ matrix.python-version }} ❹
    - name: Checkout code
      uses: actions/checkout@v2
    - name: Test
      run: python py/test_money.py -v ❺
      shell: bash
```

❶ Python CI 腳本的名稱。

❷ 我們支援的兩個 Python 版本。

❸ 我們使用預製的 `setup-python` 動作的 v2 版本。

❹ 這裡指的是定義在 ❷ 裡面的 `python-version` 屬性。

❺ 執行我們所有的 Python 測試。

我們的 Python CI 腳本現在可以投入使用了。

提交我們的變更

編寫並儲存在 `.github/workflows` 資料夾中的持續整合腳本之後，我們現在可以將它們全部提交到 GitHub 並觀察它們執行：

```
git add . ❶
git commit -m "feature: continuous integration scripts using GitHub Actions" ❷
git push -u origin main ❸
```

❶ 在 `.github/actions` 資料夾中添加所有的新檔案

❷ 提交我們的變更

❸ 將我們的變更推送到 GitHub

這就是魔法發生的地方！

打開 Web 瀏覽器並連結到 GitHub 上您的專案。導航到專案的 "Actions" 頁籤。

如果您願意，您可以為專案的 "Actions" 頁籤添加書籤：它會以 "/actions" 結尾。對於隨書所附的 GitHub 儲存庫來說，您可以透過 *https://github.com/saleem/tdd-book-code/actions* 直接存取 Actions 頁籤。

您應該會看到類似於圖 13-9 所示的內容。

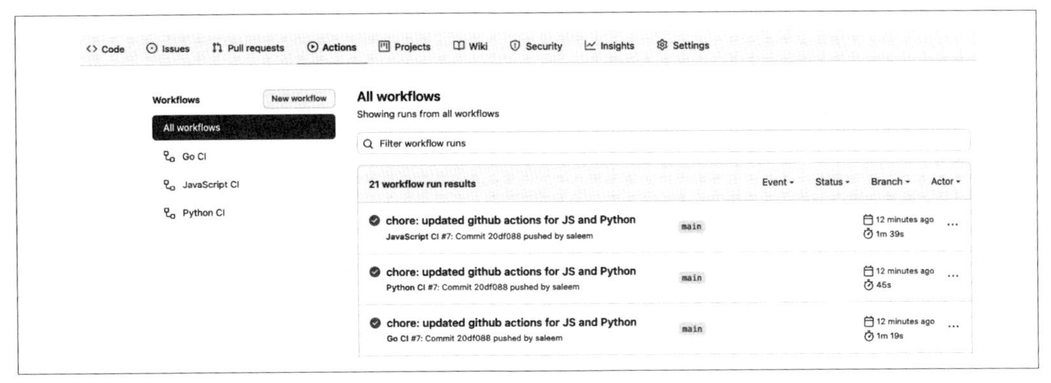

圖 13-9　所有建構都在我們 GitHub 專案的 “Actions” 頁籤上

瞧！透過 GitHub Actions，我們為每種語言執行了 CI 腳本，除非我們在 YAML 檔案中出現任何拼字錯誤，否則一切都應該是綠色的。我們可以導航到不同的建構並檢查其中的細節——佈局是不用多作解釋的。例如，圖 13-10 顯示了當我們單擊左側的 “Go CI”，然後單擊提交列表中的其中一個條目時所看到的內容。

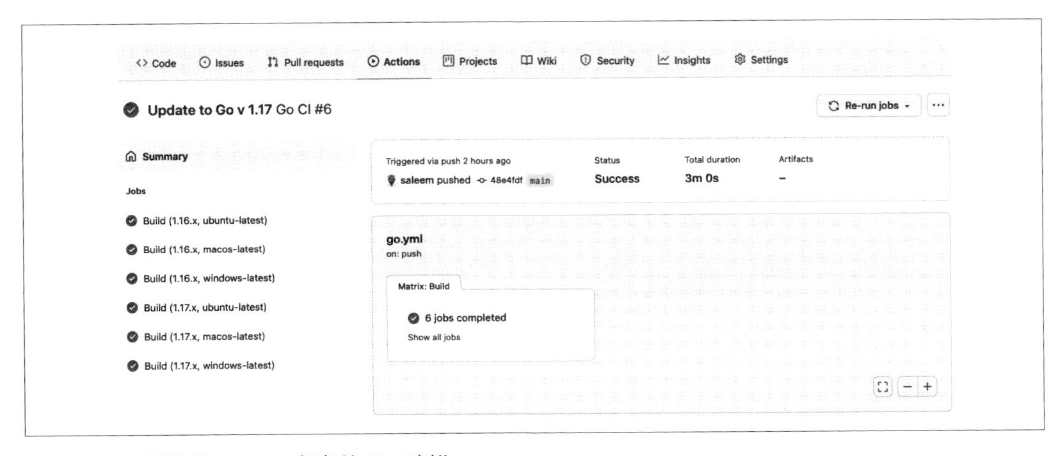

圖 13-10　我們的 GitHub 專案的 Go 建構

請注意，在這一次提交中總共執行了六件工作。這是因為我們的策略矩陣的緣故。我們已經在每個作業系統（Ubuntu、Windows 和 macOS）上測試了每個 Go 版本（1.16 和 1.17）的 Go 程式碼。

JavaScript 建構如圖 13-11 所示。同樣的，我們有六件不同的工作，對應於 Node.js 的兩個版本（14 和 16）和三個作業系統。

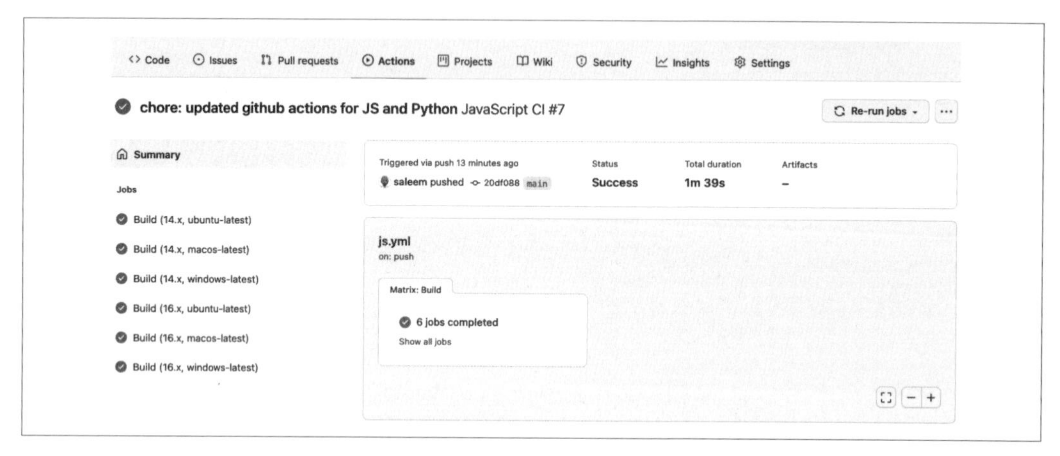

圖 13-11　我們的 GitHub 專案的 JavaScript 建構

Python 建構也差不多，如圖 13-12 所示。再一次，我們會有六個不同的工作，對應於 Python 的兩個版本（3.9 和 3.10）和三個作業系統。

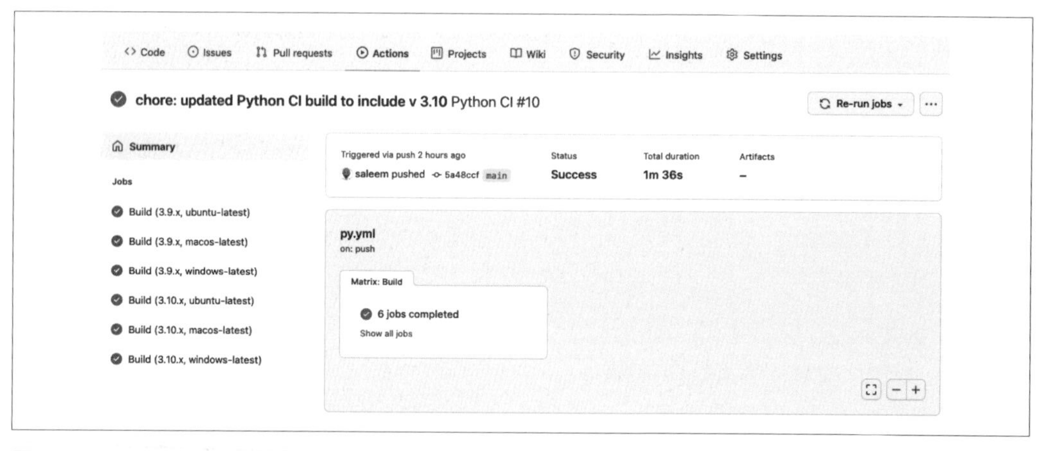

圖 13-12　我們的 GitHub 專案的 Python 建構

很全面，對吧！

我們還可以深入瞭解這 18 個建構中的任何一個的細節，以準確的瞭解任何一個建構的每一步都發生了什麼事。這會是一大堆的資訊。為了說明，圖 13-13 顯示了在 Windows 作業系統上使用 Go 版本 1.17，來執行我們的 Go 測試的建構所發出的一些細節。

更重要的是，我們不僅成功的建構和測試了所有程式碼一次，我們還確保每次我們將更改推送到 GitHub 儲存庫的主分支時都會建構和測試它。簡而言之，這就是持續整合，我們的程式碼因為它變得更好。

圖 13-13　在 Windows 作業系統上的 Go v1.17 建構的詳細資訊

在本地端執行 GitHub 動作

如本章所述，GitHub Actions 提供了一系列出色的功能：多個作業系統、多個編譯器版本，以及在其市場（*https://oreil.ly/CyCnu*）中可供選擇的各種動作。但是，您必須首先將程式碼提交到 GitHub 才能獲得所有這些好處。在將更改提交到 GitHub 之前，您可能希望在電腦上本地端執行 GitHub Actions。這可能是因為網路連接速度慢或不可靠。或者您可能希望節省每月使用的 GitHub Actions 分鐘數。無論出於何種原因，這是一個合理的問題。有沒有一種方法可以兩全其美：在您的電腦上本地端執行 GitHub Actions 的強大功能？

`act`（*https://oreil.ly/reAh3*）工具提供了一個相當不錯的解決方案。您可以將它安裝在您的開發電腦上，然後只需在殼層中鍵入 `act` 就可以從 `TDD_PROJECT_ROOT` 資料夾執行它。`act` 工具會在您的電腦上下載 Docker（*https://www.docker.com*）映像檔並使用它們來執行 GitHub Actions 建構。[5] 即使 `windows-latest` 和 `macos-latest`（我們使用的三個作業系統中的兩個）在本章中——截至 2021 年底——還不支援，但對 `ubuntu-latest` 已經有支援了。如果您喜歡快速回饋（誰不喜歡？），`act` 可能是一個答案。

圖 13-14 顯示了在我們的 `TDD_PROJECT_ROOT` 資料夾中使用 `act` 之後的前幾行輸出。請注意，它僅支援 18 個建構中的 6 個：Ubuntu 作業系統上的 Go、JavaScript 和 Python 各有 2 個。

[5] Docker 是一套提供容器的軟體工具。它允許作業系統、編譯器、程式庫等方面的差異被整齊可靠的抽象化。它是一種流行且強烈推薦的打包和部署應用程式的機制。

```
tdd-project>act
[Python CI/Build-3     ]   Skipping unsupported platform 'windows-latest'
[Go CI/Build-3         ]   Skipping unsupported platform 'windows-latest'
[JavaScript CI/Build-6]   Skipping unsupported platform 'windows-latest'
[Python CI/Build-2     ]   Skipping unsupported platform 'macos-latest'
[JavaScript CI/Build-1]   Matrix: map[node-version:14.x platform:ubuntu-latest]
[Go CI/Build-1         ]   Matrix: map[go-version:1.16.x platform:ubuntu-latest]
[Python CI/Build-1     ]   Matrix: map[platform:ubuntu-latest python-version:3.9.x]
[JavaScript CI/Build-1]   Start image=catthehacker/ubuntu:act-latest
[illegible]               Skipping unsupported platform 'windows-latest'
[Go CI/Build-1         ]   Start image=catthehacker/ubuntu:act-latest
[Python CI/Build-5     ]   Skipping unsupported platform 'macos-latest'
[Python CI/Build-6     ]   Skipping unsupported platform 'windows-latest'
[Go CI/Build-5         ]   Skipping unsupported platform 'macos-latest'
[Python CI/Build-1     ]   Start image=catthehacker/ubuntu:act-latest
[JavaScript CI/Build-5]   Skipping unsupported platform 'macos-latest'
[Go CI/Build-6         ]   Skipping unsupported platform 'windows-latest'
[Go CI/Build-4         ]   Matrix: map[go-version:1.17.x platform:ubuntu-latest]
[Go CI/Build-4         ]   Start image=catthehacker/ubuntu:act-latest
[Python CI/Build-4     ]   Matrix: map[platform:ubuntu-latest python-version:3.10.x]
[Python CI/Build-4     ]   Start image=catthehacker/ubuntu:act-latest
[JavaScript CI/Build-2]   Skipping unsupported platform 'macos-latest'
[JavaScript CI/Build-4]   Matrix: map[node-version:16.x platform:ubuntu-latest]
[JavaScript CI/Build-4]   Start image=catthehacker/ubuntu:act-latest
[Go CI/Build-2         ]   Skipping unsupported platform 'macos-latest'
```

圖 13-14 act 工具在我們的專案上執行，顯示了支援和不支援的平台

我們在哪裡

我們正在結束編寫程式碼以解決“金錢”問題的旅程。*Chairete, nikomen*![6]

我們已經涵蓋了很多領域。我們已經編寫了程式碼、編寫了測試、刪除和改進了兩者、並添加了持續整合。我們應該得到眾人的讚賞！

還有更多我們應得和需要的東西：回顧我們的旅程。這就是我們將在第 14 章、也是最後一章要做的事情。

[6] “歡呼吧，我們贏了！”——菲迪皮德斯（Philippides）在馬拉松戰役後的名言。

第 14 章

回顧

回顧可以成為變革的強大催化劑。一次回顧可以造就一次重大轉變。

— Esther Derby 和 Diana Larsen，《*Agile Retrospectives—Making Good Teams Great*》（Pragmatic Bookshelf，2006 年）

我們已經完成了列表中的所有功能。這是累積下來的列表，為了清晰起見，已經稍作編輯：

~~5 美元 × 2 = 10 美元~~

~~10 歐元 × 2 = 20 歐元~~

~~4002 韓元 / 4 = 1000.5 韓元~~

~~5 美元 + 10 美元 = 15 美元~~

~~5 美元 + 10 歐元 = 17 美元~~

~~1 美元 + 1100 韓元 = 2200 韓元~~

~~刪除多餘的測試~~

~~將測試程式碼與生產程式碼分開~~

~~改進我們的測試組織~~

~~根據所涉及的貨幣決定匯率~~

~~改進未指定匯率時的錯誤處理~~

~~完善匯率實作~~

~~允許修改匯率~~

~~不斷整合我們的程式碼~~

刪除列表中的每一行是否意味著我們已經完成了呢？絕對不是！一方面，變化是軟體中唯一不變的事物。即使我們因為程式碼已經可以適配我們的目的了，而決定不更動程式碼中的任何內容，但圍繞我們程式碼的事物也必然會隨著時間而改變。在撰寫本書的過程中，生態系統發生了以下變化：

1. Go v1.17 發布了（*https://oreil.ly/zKGK4*）。
2. Node.js v16 發布了（*https://oreil.ly/jteMp*）。
3. Python 3.9 和 3.10 版本發布了（*https://oreil.ly/xNLPa*）。
4. GitHub Actions 的 `setup-node`（*https://oreil.ly/0Strt*）和 `setup-python`（*https://oreil.ly/sGZDj*）的新版本發布了。
5. 重要的是，針對 COVID-19 的疫苗已發布並獲得批准（*https://oreil.ly/IGEb5*），再次改變了我們建構生活、工作和進行社交互動的方式——其中編寫軟體就是其中一個層面。

幾乎可以肯定的是，當您閱讀這些文字時，我們程式碼所在的生態系統中所存在的無數事物將會發生其他重大變化。

除了面對未來的巨大未知性之外，我們的程式碼是否還存在著可以改進的地方？

讓我們花點時間回顧一下我們已經做的，並反思我們是如何做到的。我們將按照以下的維度來建構我們的回顧：

輪廓（*profile*）

這是指程式碼的形狀。

目的（*purpose*）

這包括程式碼做了什麼，還有更重要的是：不做什麼不做什麼。

程序（*process*）

我們是如何到達現在的位置的、還有哪些其他可能的方法、以及採取特定路徑的影響。

輪廓

我使用**輪廓**這個術語來包括主觀層面，例如可讀性和明顯性，以及它們的客觀表現，也就是複雜性、耦合性和簡潔性。在其他學門中，**形式**（*form*）一詞也用於描述類似的層面。

在前言中，我們指明**簡單性**作為測試驅動開發的定義中的一個關鍵術語。我們現在可以使用一些指標來衡量我們的程式碼的簡單性了。

循環複雜度

循環複雜度（*cyclomatic complexity*）是程式碼中分支和迴圈程度的度量，這會導致了理解程式碼的困難度。這個度量是由 Thomas McCabe 在 1976 年發表的一篇論文中定義的（*https://oreil.ly/isAAw*）。後來，McCabe 和 Arthur Watson 在測試方法的特定語境下開發了這個概念（*https://oreil.ly/yTVWR*）。當我們從 TDD 的有利位置來分析事物時，McCabe 對循環複雜度的定義（獨立於語言之間的語法差異、並植根於作為控制流圖（control-flow graph）的原始碼組織）會與我們相關。

用最簡單的術語來說，一段程式碼的循環複雜度是程式碼中迴圈和分支的數量加一。

具有 p 個二元決策述語的程式碼區塊的循環複雜度為 $p + 1$。**二元決策述語**（*binary decision predicate*）是程式碼中可以在兩條路徑之一進行選擇的任何點，也就是使用一個布林條件的分支或迴圈。

沒有分支或迴圈的程式碼區塊（亦即控制是從一條敘述線性的流向下一條敘述的程式碼區塊）的循環複雜度為 1。

McCabe 的原始論文建議開發人員"透過循環複雜度而不是實際大小來限制他們的軟體模組"。McCabe 提出了 10 作為它的上限，並務實的稱其為"合理但不神奇的上限"。

耦合

耦合（coupling）是衡量一個程式碼區塊（例如，一個類別或方法）對其他程式碼區塊的相互依賴關係的度量。兩種耦合類型是**傳入耦合**（*afferent coupling*）和**傳出耦合**（*efferent coupling*）。

傳入耦合

　　這是依賴於給定組件的其他組件的數量。

傳出耦合

　　這是給定組件所依賴的其他組件的數量。

圖 14-1 顯示了一個具有各種依賴關係的類別圖。對於 `ClassUnderDiscussion` 而言，傳入耦合為 1，傳出耦合為 2。

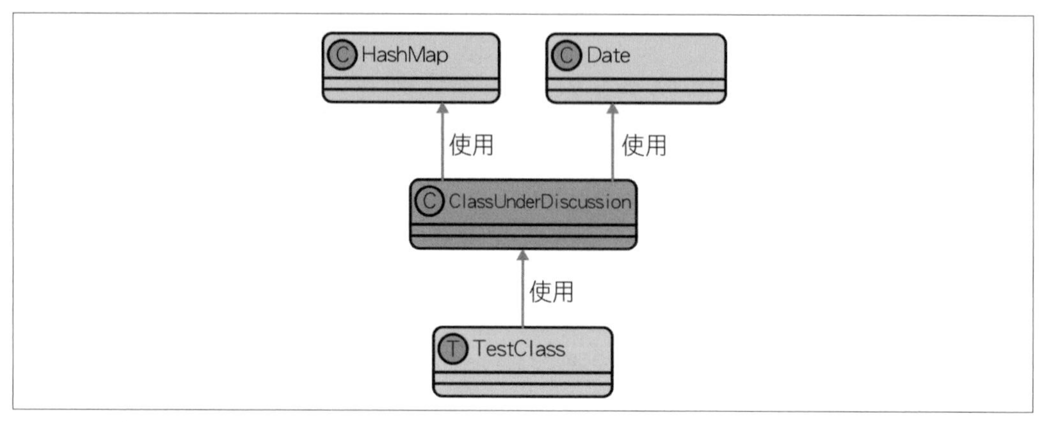

圖 14-1　傳入和傳出耦合

有用的助記符：**傳入**耦合由**到達**給定組件的依賴關係箭頭的數量來指明；**傳出**耦合則反映了從給定組件中**離開**的箭頭數量。

程式碼穩定性的衡量標準是傳入和傳出耦合之間的平衡。組件的**不穩定性**（*instability*）可以透過以下公式定義：

　不穩定性 =（傳出）/（傳出 + 傳入）

也就是說，組件的不穩定性是介於 0 和 1 之間的分數。零表示完全穩定的組件，不依賴於其他任何東西。這對於使用一般語言所編寫的任何組件幾乎是不可能的，因為任何此類組件至少會依賴於該語言所提供的組件（也就是原語（primitive）或系統類別）。值為 1 表示最大的不穩定性：這樣的組件會依賴於其他組件，而且沒有任何東西依賴於它。

圖 14-1 中，`ClassUnderDiscussion` 的不穩定性為 2/3。

簡潔性

程式碼行數是一個危險的指標，尤其是在跨越不同的語言時。不同語言的表達能力差異很大。一個明顯的原因是特定語言中是否存在著某些語言特徵，比如關鍵字、習慣語、程式庫和樣式。即使是像排版慣例這樣微不足道的事情，也可以用人為的方式來增加或減少跨語言的行數。考慮以下兩個行為相同的 "Hello World" 程式，其中一個是用 C#，另一個用 Go 來編寫：

```
namespace HelloWorld ❶
{
    class Hello ❷
    {
        static void Main(string[] args) ❸
        {
            System.Console.WriteLine("Hello World!"); ❹
        }
    }
}
```

❶ 為程式宣告名稱空間。

❷ 定義一個類別來包含該方法。

❸ 定義完成工作的方法。

❹ 印出 "Hello World" 的程式碼行，依賴於 `System.Console.WriteLine` 方法。

```
package main ❶

import "fmt" ❷

func main() { ❸
    fmt.Println("Hello World!") ❹
}
```

❶ 為程式宣告套件。

❷ 包含 `fmt` 套件作為依賴項。

❸ 定義完成工作的方法。

❹ 使用 `fmt` 套件中的 `Println` 方法印出 "Hello World" 的程式碼行。

很明顯的，我們需要 10 行 C# 程式碼才能完成和 7 行 Go 程式碼相同的工作。這是一個公平甚至有意義的比較嗎？不！儘管這兩種語言在結構上類似（都需要宣告依賴關係、定義名稱空間、完成工作的 "main" 方法、以及印出 "Hello World" 的一行程式碼）但它們之間還是有足夠的差異來說明比較程式碼行（line of code, LOC）這件事是愚蠢的。另一方面，C# 需要一個必須在其中定義 `Main` 方法的類別，而 Go 的 `main` 函數則不需要。另一個區別是，Go 要求將左大括號放在定義方法（或任何其他區塊，如 `if` 或 `for` 敘述）的那一行的末尾。相比之下，C# 的慣例是要求左大括號自己放在新的一行上。後面這種差異本身導致了 C# 程式中多增加了三行程式碼。[1]

更好的衡量標準是將測試程式碼行、與同一種語言的生產程式碼行進行比較。這對任何特定於語言的怪癖和慣例都進行了規範化——尤其是隨著程式碼大小的增加使得行數具有統計性的（而不只是趣味性的）意義時。

目的

美觀很重要。但是，所有程式碼都是為了滿足某些需要而編寫的。它滿足這種需要的程度，以及它滿足這種需要的方式，就是我所說的**目的**（*purpose*）。在其他學科中，使用了**功能**（*function*）這個詞——尤其是與**形式**（*form*）相反的詞。我已經避免使用這個術語，因為存在著將程式碼的某個層面與**函數**一詞的軟體含意混淆的風險。

一段程式碼滿足其目的的程度可以從兩個角度來看：它是否完成了它打算做的一切？還有它只做它應該做的事嗎？後者稱為**內聚度**（*cohesion*），前者稱為**完整性**（*completeness*）。

內聚度

內聚度是模組中程式碼**相關性**（*relatedness*）的度量。高內聚度反映了模組中的程式碼——方法、類別或套件——表達了一個單一的、統一的概念。

內聚度是一個主觀的衡量標準。然而，內聚度有不同的類型，其中一些比另一些更可取。最理想的內聚度形式是**功能性內聚度**（*functional cohesion*），也就是一個模組的所有部分都貢獻於一個單一的、明確定義的任務。在光譜的另一端是**巧合性內聚度**（*coincidental cohesion*），即模組的各個部分被任意分組，沒有明顯的目的單一性。

完整性

我們的程式碼做了它應該做的一切事情嗎？從功能上講，我們完成了清單上的所有項目——我們將所有內容都劃掉了。這是完整性的一個指標。

[1] Go 要求左大括號在同一行的原因不僅僅是美學；它植根於語言的編譯器如何確定一個敘述的結束位置和另一個敘述的開始位置（*https://oreil.ly/foav0*）。

但是，我們的測試有多完整呢？我們可以透過編寫額外的測試來獲得更多的信心嗎？考慮下列的情況：

溢位（*overflow*）

這是由於儲存的數字太大而無法儲存在特定資料型別中的情況。將 `Money` 實體相加或將 `Money` 與另一個數字相乘可能會導致溢位。

下溢（*underflow*）

這是由於儲存的數字太小（即非常接近零）而導致的情況。沒有足夠的有效數字來正確的表達該數字。將 `Money` 除以大的數量可能會導致下溢，這也可能發生在匯率非常小的情況。

除以零

非零數除以零的結果是無窮大。零除以零的結果是未定義的。

目前這些場景都還沒有經過測試，因此程式碼無法處理它們。這是程式碼還不完整的有力證據。但是，我們知道如何建構這些功能：透過測試來驅動它們。

程序

輪廓和目的都根據品質的各種屬性來衡量程式碼。它們判斷旅程是否已到達目的地。相比之下，評估我們如何獲得程式碼最終版本的程序同樣重要，包括可能無法倖存到最後的各種中間化身。這是對我們旅途中所走的路的評價。

如果我們以不同於列表上的順序開始建構功能會怎麼樣呢？我們很有可能最終會得到不同的實作。例如，我們的 `Money` 實體有進行乘法和除法的方法，但沒有進行加法的方法。如果我們在第 1 章而不是第 3 章中實作了 "5 美元 + 10 美元 = 15 美元" 的功能，我們可能在 `Money` 實體中有一個加法方法。

我們安排功能的方式有一個合乎邏輯的進度：簡單的優先。但是，如果我們一開始就使用不同的貨幣來建構加法功能（例如，"5 美元 + 10 歐元 = 17 美元"），我們將不得不很早就引入匯率。我們會把它們放在哪裡呢？可能在 `Money` 中，因為它還是第一個抽象化。我們還會識別並萃取 `Portfolio` 和 `Bank` 實體嗎？很難講，但我想說的是，在建構一個功能的同時識別多個抽象概念需要更多的努力。

把它們放在一起

我們已經看到了可以用來分析程式碼的三個維度——輪廓、目的和程序。讓我們將程式碼投影到這三個維度上，看看我們會看到什麼反射結果。

Go

輪廓

我們可以使用 gocyclo（*https://github.com/fzipp/gocyclo*）之類的工具來測量程式碼的循環複雜度。這個工具本身是用 Go 來編寫的，可以作為可執行檔安裝，然後用來分析任何 Go 程式碼的循環複雜度。如果在我們的 `go` 資料夾中執行 `gocyclo .`，以下是其中最複雜的方法。其他所有方法都具有最小可能循環複雜度 1：

```
5 stocks (Portfolio).Evaluate stocks/portfolio.go:12:1
3 main assertNil money_test.go:129:1
3 stocks (Bank).Convert stocks/bank.go:14:1
2 main assertEqual money_test.go:135:1
```

我們看到最複雜的方法（`Portfolio.Evaluate`）的循環複雜度是 5。儘管這遠低於 10 這個啟發式（heuristic）閾值，但可以透過使用萃取方法來重構一或多次以降低這種複雜性。例如，可以將失敗訊息的建立萃取到一個新方法中，然後從 `Portfolio.Evaluate` 中呼叫該方法：

```
func (p Portfolio) Evaluate(bank Bank, currency string) (*Money, error) {
  ... ❶
  failures := createFailureMessage(failedConversions) ❷
  return nil, errors.New("Missing exchange rate(s):" + failures)
}

func createFailureMessage(failedConversions []string) string { ❸
  failures := "["
  for _, f := range failedConversions {
    failures = failures + f + ","
  }
  failures = failures + "]"
  return failures
}
```

❶ `Evaluate` 中未更改的程式碼，為簡潔起見在此省略。

❷ 呼叫私有函數來建立失敗訊息。

❸ 從 `Evaluate` 方法中萃取的函數 `createFailureMessage`。

這樣是否會更好呢？取決於您的觀點。Evaluate 的循環複雜度較低（4），但兩種方法的組合循環複雜度現在更高了（6）。

我們程式碼中的耦合度很低。Portfolio 依賴於 Money 和 Bank。Bank 依賴於 Money。Test 類別則不可避免的要依賴它們三個全部。減少耦合時我們可以做的唯一合理的事是將測試分成類別：TestMoney、TestPortfolio 和 TestBank。

在簡潔性方面，Go 提供了一個檢查可疑程式碼的工具。它就是 vet 命令（*https://oreil.ly/Fo5QC*），執行 go vet ./...（省略號要按字面輸入）並注意輸出是很有指導意義的。對於我們的程式來說，並不會出現警告訊息，這是我們應該努力讓所有程式維持的情況。vet 命令不僅會查找多餘的程式碼（例如，無用的指派和無法到達的程式碼），而且還會針對 Go 建構中的常見錯誤發出警告。

目的

我們的 Go 程式碼具有良好的內聚度：三種具有明確職責的命名型別。可以歸咎的一個批評是，由於 Money 中沒有 Add 方法，因此 amount 的加法出現在 Portfolio.Evaluate 而不是 Money 之中。

如果我們有一個 Money.Add 方法呢？我們就可以稍微簡化一下我們的 Portfolio.Evaluate，如下所示：

```
func (p Portfolio) Evaluate(bank Bank, currency string) (*Money, error) {
  totalMoney := NewMoney(0, currency) ❶
  failedConversions := make([]string, 0)
  for _, m := range p {
    if convertedMoney, err := bank.Convert(m, currency); err == nil {
      totalMoney = *totalMoney.Add(convertedMoney) ❷
    } else {
      failedConversions = append(failedConversions, err.Error())
    }
  }
  if len(failedConversions) == 0 {
    return &totalMoney, nil ❸
  }
  ... ❹
}
```

❶ 總和累積在 totalMoney 中，其型別為 Money ，而不是 float64

❷ 使用新的 Money.Add 方法，假設它只有一個傳回值

❸ 像以前一樣傳回 Money 指標

❹ 其餘方法都一樣，為簡潔之故在此省略

我們將如何測試驅動 `Money.Add` 方法呢？我們可能會發現堅持以下的設計將是有利的：

1. 該方法應接受單一 `other *Money` 引數。
2. 它的傳回值應該是 `*Money` 型別，代表這個 `Money` 和 `other Money` 的總和。
3. 只有當 `other` 和這個 `Money` 的貨幣匹配時，才應加上 `other Money`。
4. 當兩個 `Money` 的貨幣不同時，應該透過傳回 `nil` 或進行 `panic` 來指出未能把它們相加——在這種情況下，這是有道理的，因為它只會在轉換後的貨幣匹配時，才從 `Portfolio.Evaluate` 中呼叫。

程序

我們一開始將 `Money` 和 `Portfolio` 程式碼放在一個原始檔中，然後再將它們分成 `stocks` 套件中的兩個檔案。我們稍後再在這個套件中建立了 `Bank`。我們能否更早決定要進行這種分離，也許就在開始時？或者相反的，我們是否可以將所有程式碼放到一個巨大的檔案中，並在最後才將它們分開？如果我們根本不將程式碼分成離散的檔案又如何呢？

我們遵循的程序會對 Go 程式碼的形狀產生細微的影響。作為通則，一個程序應該根據它所產生的結果來評斷。在 TDD 中，我們有一個重要的槓桿來控制程序：我們進行的速度。在第 3 章結束時，我們的單檔案生產程式碼已經獲得了兩個不同的抽象化—— `Money` 和 `Portfolio`。這就是我們在那個時候進行模組化的原因。現在您已經完成了這些功能，您又怎麼看呢？如果您重新編寫程式碼，也許是為了教別人，您會做出類似的選擇嗎？

JavaScript

輪廓

為了蒐集 JavaScript 程式碼的複雜度度量，我們可以使用 JSHint（*https://jshint.com*）之類的工具。JSHint 有多種形式，它的首頁提供了一個線上編輯器，您可以在其中貼上 JavaScript 程式碼並測量其複雜度。對於我們的目的來說，NodeJS 套件會更合適。JSHint 可以透過在命令行執行 `npm install -g jshint` 來進行全域安裝。

要使用 jshint，我們需要指定幾個配置參數。最簡單的方法是在 js 資料夾中建立一個名為 .jshintrc 的檔案：

```
{
    "esversion"     : 6, ❶
    "maxcomplexity" : 1  ❷
}
```

❶ 指定要使用的 ECMAScript 版本

❷ 將最大循環複雜度設置為可能的最低值

請注意，我們已將 maxcomplexity 設定為 1 ——任何方法的最低可能循環複雜度。我們的目標並不是要達到這個門檻。如前文所述，10 是 maxcomplexity 的典型值。我們在這裡將其設定為 1 的原因，是要強制 jshint 將每個具有較高循環複雜度的方法列印為錯誤。

有了這個簡短的 .jshintrc 檔案，我們可以簡單的從 js 資料夾中的命令行執行 jshint *.js，來檢查哪些方法的循環複雜度超過 1：

```
bank.js: line 13, col 12,
  This function's cyclomatic complexity is too high. (3)

portfolio.js: line 14, col 41,
  This function's cyclomatic complexity is too high. (2)
portfolio.js: line 12, col 13,
  This function's cyclomatic complexity is too high. (2)

test_money.js: line 80, col 21,
  This function's cyclomatic complexity is too high. (2)
test_money.js: line 91, col 44,
  This function's cyclomatic complexity is too high. (2)
test_money.js: line 99, col 30,
  This function's cyclomatic complexity is too high. (3)

6 errors
```

我們看到有幾種方法的循環複雜度為 3，還有一些方法的複雜度度量為 2。

這驗證了測試驅動開發的一個關鍵主張。TDD 鼓勵的增量和進化式程式設計風格，導致了程式碼具有更統一的複雜性輪廓。與其使用一兩個 " 超人 " 方法或類別，我們更可以在模組之間好好的分配責任。

我們程式碼中的耦合度很低。Portfolio 和 Bank 都依賴於 Money，這是這個領域的自然結果。從 Bank 到 Portfolio 還有更微妙的依賴關係。它很微妙，因為與 Money 不同，Portfolio 不用 require Bank 型別的物件。 Portfolio 中的 evaluate 方法需要一個 "類銀行物件"，即實作 convert 方法的物件。這是對介面而不是特定的實作的依賴。這與 Portfolio 依賴於 Money 的方式不同：在 evaluate 方法中有對 new Money() 的外顯式呼叫。

當 A 類別建立 B 類別的 new 實例時，很難使用依賴注入。但是，如果 A 只使用 B 定義的方法——亦即 A 對 B 有介面依賴——則使用依賴注入會更容易。

我們在第 4 章和第 11 章中遇到了依賴注入。我們可以注入**任何**實作了 convert 方法的物件來測試 Portfolio.evaluate ——它不必是實際的 Bank 物件。考慮一下這個寫得很奇怪但有效、而且會通過的測試：

```
testAdditionWithTestDouble() {
  const moneyCount = 10; ❶
  let moneys = []
  for (let i = 0; i < moneyCount; i++) {
    moneys.push(
      new Money(Math.random(Number.MAX_SAFE_INTEGER), "Does Not Matter") ❷
    );
  }
  let bank = { ❸
    convert: function() { ❹
      return new Money(Math.PI, "Kalganid"); ❺
    }
  };
  let arbitraryResult = new Money(moneyCount * Math.PI, "Kalganid"); ❻

  let portfolio = new Portfolio();
  portfolio.add(...moneys);
  assert.deepStrictEqual(
    portfolio.evaluate(bank, "Kalganid"), arbitraryResult ❼
  );
}
```

❶ 我們測試中的 Money 物件數。

❷ 每個 Money 物件都有一個隨機的 amount，它的 currency 也是編造的。

❸ Bank 的測試替身。

❹ 覆寫的 convert 方法。

❺ 總是傳回"π Kalganid"。

❻ 結果預計為"π 乘以 moneyCount" Kalganid。

❼ 斷言，會通過。

我們在測試中建立了一個愚蠢的 Bank 實作：從業務的角度來看是愚蠢的，但從介面的角度來看是完全有效的。這家 Bank 總是從它的 convert 方法傳回"π Kalganid"，不管給了它什麼引數。[2] 這意味著每次從 Portfolio.evaluate 呼叫這個 convert 方法時，Portfolio 都會累積"π Kalganid"。因此，最終結果會是 π 乘以 Money 的物件數量，並以 Kalganid 為幣值。

儘管測試很特殊，但它說明了"測試替身（test double）"（*https://oreil.ly/PR7fq*）和介面依賴的關鍵概念。

"測試替身"是"真實世界"（即生產）程式碼（方法、類別或模組）的替代品，它在測試中被替換，以便被測系統使用此替代程式碼而不是真實程式碼作為依賴項。

很明顯的，我們可以按照前面的測試中所呈現的樣式，來重寫我們所有的 Portfolio.convert 測試，來使用測試替身而不是"真正的" Bank。真正的問題是，我們應該這麼做嗎？

答案並不明顯。依照通則，我們會使用阻力最小的路徑。如果引入測試替身的努力比使用真實程式碼更大，那麼就使用真實程式碼。否則就使用測試替身。

使用測試替身還有一個風險：如果呼叫被測系統的方法或函數會導致不明顯的副作用，測試替身可能會無意中掩蓋了這些副作用。或者測試替身可能會引入實際程式碼中不存在的新副作用。無論是哪種情況，使用測試替身來進行測試都存在著的風險，可能無法忠實的複製具有"真實"依賴關係的測試。

[2] 請注意，這裡的 convert 方法甚至沒有定義任何引數，因為無論如何它都會忽略它們。回想一下第 6 章，無論函數定義如何，JavaScript 都不會對傳遞給函數的引數的數量或型別強加任何規則。

有沒有辦法可以解決這個問題呢？使用具有良好定義介面的無狀態程式碼是一個開始。無狀態的方法（也就是行為完全取決於它的參數的方法），比嚴重依賴於沒有當作參數來傳遞的那些周邊物件的可變狀態的方法，更容易用測試替身來替換。[3]

目的

我們 JavaScript 中的三個類別呈現了目的的單一性：每個關鍵概念都有一個類別。

有什麼值得改進的嗎？ `Portfolio.evaluate` 方法的 `try` 區塊中，存在一些會洩漏的抽象化（leaky abstraction）：

```
try {
    let convertedMoney = bank.convert(money, currency);
    return sum + convertedMoney.amount;
}
```

您發現了嗎？將 `money` 轉換為新的 `currency` 會產生一個緊湊的、獨立的物件：`convertedMoney`。然後我們撬開這個物件來查看它的 `amount` 並將其加到 `total` 中…只是為了我們稍後在方法結束 `return new Money(total, currency)` 時再次回復原狀！

如果 `Money` 類別有一個 `add` 方法，我們的程式碼會是什麼樣子呢？具體來說，我們是如何透過測試來驅動它，重構後的 `Portfolio.evaluate` 會是什麼樣子？

我們可以想出一些可以用來驅除 `Money.add` 行為的測試。在同一種貨幣中將兩個 `Money` 物件相加應該以簡單又直接的方式運作，並遵守數字加法的交換律。將兩個不同貨幣的 `Money` 物件相加應該會失敗並出現適當的例外。我們可以證明這種例外行為是合理的，因為將多種貨幣相加需要我們維護一個 `Portfolio` ——而它已經承擔了轉換的責任了：

```
testAddTwoMoneysInSameCurrency() { ❶
  let fiveKalganid = new Money(5, "Kalganid");
  let tenKalganid = new Money(10, "Kalganid");
  let fifteenKalganid = new Money(15, "Kalganid");
  assert.deepStrictEqual(fiveKalganid.add(tenKalganid), fifteenKalganid);
  assert.deepStrictEqual(tenKalganid.add(fiveKalganid), fifteenKalganid);
}

testAddTwoMoneysInDifferentCurrencies() { ❷
  let euro = new Money(1, "EUR");
  let dollar = new Money(1, "USD");
```

[3] 最難用測試替身替代的方法是那些依賴於全域狀態的方法——這是像在末日期間要避開殭屍一樣來避免使用全域變數的另一個原因！

```
    assert.throws(function() {euro.add(dollar);},
      new Error("Cannot add USD to EUR"));
    assert.throws(function() {dollar.add(euro);},
      new Error("Cannot add EUR to USD"));
  }
```

❶ 用測試來驗證直接將使用相同貨幣的兩個 `Money` 物件相加

❷ 用測試來驗證嘗試將具有不同貨幣的兩個 `Money` 物件相加時之例外

在我們編寫了滿足上述測試的 `Money.add` 方法之後，[4] 我們可以使用它來縮減 `Portfolio.evaluate` 中的會洩漏的抽象化。

```
evaluate(bank, currency) {
    let failures = [];
    let total = this.moneys.reduce( (sum, money) => {
        try {
            let convertedMoney = bank.convert(money, currency);
            return sum.add(convertedMoney); ❶
        }
        catch (error) {
            failures.push(error.message);
            return sum;
        }
      }, new Money(0, currency)); ❷
    if (!failures.length) {
        return total; ❸
    }
    throw new Error("Missing exchange rate(s):[" + failures.join() + "]");
}
```

❶ 使用 `Money.add` 方法。

❷ 初始值是 `Money` 物件，而不是數字。

❸ `total` 可以直接傳回：它是一個 `Money` 物件。

刪除會洩漏的抽象化的成本，是否值得在 `Money` 類別中加入額外的方法及其測試？

[4] `Money.add` 方法“留給讀者作為練習”——任何工作簿都不應缺少這句話。GitHub 儲存庫中有一個實作，用於好奇（或煩躁）的那一小群人！

這並沒有一個簡單的答案。我們可以推斷 `add` 方法已經是在 `Money` 中的 `times` 和 `divide` 方法的一個有價值的伙伴，並且它可以防止 `Portfolio.evaluate` 方法窺探到 `Money` 是一件好事。另一方面，我們可以推斷 `Bank.convert` 已經窺探了它所提供的 `Money` 物件的 `currency` 和 `amount`，並且沒有明顯的方法可以在不向 `Money` 增加更多行為的情況下，移除這種洩漏的抽象化——或許要以犧牲 `Bank` 為代價吧。

這些對比鮮明的答案反映了“適合目的”概念中固有的主觀因素。對於“這個類別的目的是什麼”這個問題具有不同的看法是合理的。基於不同看法所產生的程式碼也會有所不同——總是不可避免的。

程序

一開始，我們所有的原始碼都被放在同一個檔案中。我們在第 4 章中介紹了關注點分離，並在第 6 章中使用它將我們的程式碼劃分為模組。`Bank` 類別是在第 11 章中介紹的。如果我們走另一條路，我們的程式碼可能會產生不同的結果。這樣會不會更好呢？

如果我們要再次回答這個問題，我們可能會在更早的時機點將測試與生產程式碼分開——也許就在我們剛得到一個綠色測試之時。早期的關注點分離可以帶來好處：它迫使我們明確化我們的依賴關係、並批判性的思考每個模組所 `exports` 的內容。這可以導致更好的封裝（即資訊隱藏）。

您能想到我們的 JavaScript 程式碼中的缺點嗎？我們程式碼的增量式增長過程中的哪些步驟導致了它們？有沒有我們可以糾正它們的階段？

Python

輪廓

Python 生態系統提供了多種工具和程式庫來衡量程式碼的複雜性。Flake8（*https://oreil.ly/LCvRG*）就是這樣的一種工具。Flake8 結合了其他幾個工具的靜態分析功能。這就是為什麼它提供了很多功能，包括使用 mccabe（*https://oreil.ly/Z2SW3*）模組來測試循環複雜度。

Flake8 可以使用 Python 套件管理器安裝。只需要輸入命令 `python3 -m pip install flake8` 即可。安裝後，在包含 Python 原始檔的資料夾（例如 `TDD_PROJECT_ROOT` 中的 `py` 資料夾）中執行 `flake8`，就會掃描程式碼以找出所有的違規和警告。要將輸出限制為只出現特定類型的警告，我們可以使用明確定義的 Flake8 錯誤碼（*https://oreil.ly/gSrf0*）。例如，命令 `flake8 --select=C` 將僅顯示 mccabe 模組偵測到的循環複雜度違規。由於預設的複雜度閾值為 10，因此如果我們執行上述命令，我們將不會看到任何警告。如果要看到輸出訊息，我們必須設置較低的複雜度閾值。

讓我們在 Python 程式碼上嘗試執行 `flake8 --max-complexity=1 --select=C`，來看看會發生什麼事：

```
./bank.py:12:5: C901 'Bank.convert' is too complex (3)
./portfolio.py:12:5: C901 'Portfolio.evaluate' is too complex (5)
./test_money.py:75:1: C901 'If 75' is too complex (2)
```

我們看到 `Portfolio.evaluate` 和 `Bank.convert` 是複雜度最高的兩個方法。但是，兩者都在 McCabe 啟發式推薦的 10 的限制範圍內。這證明了測試驅動開發的主張之一：它產生的程式碼複雜度較低。

我們能否以某種符合現實的方式來提高程式碼的可讀性？考慮 `Portfolio.evaluate` 方法、以及我們如何測試是否存在著 `failures`：

```
def evaluate(self, bank, currency):
...
    if len(failures) == 0: ❶
        return Money(total, currency)
...
```

❶ 檢查 `failures` 是否為空，以確定是否應傳回 `Money` 物件

我們透過查看 `failures` 的長度是否為零來檢查是否存在錯誤。有沒有更簡單的方法呢？

事實證明是有的。在 Python 中，空字串的計算結果為 `false`，因此我們可以簡化這兩個檢查。

```
...
    if not failures: ❶
        return Money(total, currency)
...
```

❶ 一個空字串的計算結果為 `false`，這允許我們在兩行程式碼中都使用 `not failures`。

在 Python 中，我們可以測試任何物件的真值（*https://oreil.ly/POxOL*），空序列或集合被視為 `false`。

使用語言習慣語（idiom）是簡化程式碼的另一種方法，即使它不會降低循環複雜度度量。使事物和語言規範保持一致可確保我們的程式碼遵循最小意外原則。

最小意外原則（Principle of Least Surprise）

Jerome H. Saltzer 和 M. Frans Kaashoek 在他們的著作《*Principles of Computer System Design—An Introduction*》（Morgan Kaufmann，2009 年）中描述了最小意外（或驚訝）原則，目標在建立符合使用者預期的軟體系統。在此引用作者的話：

> 人是系統的一部分。設計應該與使用者的體驗、期望和心智模型相匹配。

這句話不僅適用於通常被認為是系統最終使用者的人。當“使用者”是維護我們程式碼的其他開發人員時，它同樣適用。“使用者”甚至可能是我們自己的未來版本，而這個未來的我必須在幾個月後閱讀我們自己的程式碼。我們應該努力對未來的自己產生同理心。

目的

我們的 Python 程式碼忠實於它的目的：三個主要類別中的每一個都只做一件事並且做得相當好。

`Portfolio.evaluate` 中有一個洩漏的抽象化，就像瘀痛的拇指一樣的突出。這個方法對 `Money` 類別的內部結構過於關心了。具體來說，它會探查 `Bank.convert` 傳回的每個 `Money` 物件並追蹤它的 `amount` 屬性。然後，在該方法結束時，它會建立一個具有此累積性 `total` 的新 `Money` 物件。

得墨忒耳定律（the law of Demeter），——經常用一句精闢的說法“不要和陌生人說話”來表達——它提倡程式碼中更鬆散的耦合和更高的內聚度。考慮到得墨忒耳定律編寫程式碼會建立害羞的模組：也就是說，它們不會與其他不相關的模組聊天！

我們能否讓 Money 成為一個，不需要被 Portfolio.evaluate 方法如此密切檢查的更害羞的物件？如果我們可以直接將 Money 物件而不只是它們的 amount 欄位相加，我們就可以。

我們可以透過重寫一個簽名為 __add__(self, other) 的隱藏方法來做到這一點。

在 Python 中，要覆寫特定類別的 + 運算子，我們必須為該類別實作 __add__(self, other) 方法。

我們可以透過這個測試來測試 __add__ 方法的行為：

```
def testAddMoneysDirectly(self):
  self.assertEqual(Money(15, "USD"), Money(5, "USD") + Money(10, "USD"))
  self.assertEqual(Money(15, "USD"), Money(10, "USD") + Money(5, "USD"))
  self.assertEqual(None, Money(5, "USD") + Money(10, "EUR"))
  self.assertEqual(None, Money(5, "USD") + None)
```

我們希望能夠相加兩個 Money 物件，只要它們具有相同的 currency。否則，我們想傳回 None。為了確保加法的交換性質會成立，我們要驗證以任一順序相加兩個 Money 物件都會產生相同的結果。

以下的 Money.__add__ 實作符合我們的要求：

```
def __add__(self, a):
  if a is not None and self.currency == a.currency:
      return Money(self.amount + a.amount, self.currency)
  else:
      return None
```

為了進一步簡化我們的程式碼，我們可以重新設計 Bank.convert 以包含兩個值：Money 以及表達任何缺漏匯率的 key。

1. 如果有找到匯率，就傳回一個有效的 Money 物件。第二個傳回值為 None。

2. 如果匯率未定義，則第一個傳回值為 None。第二個傳回值是缺漏匯率的 key。

以下是我們可以用於這個新設計的重構測試：

```
def testConversionWithDifferentRatesBetweenTwoCurrencies(self):
    tenEuros = Money(10, "EUR")
    result, missingKey = self.bank.convert(tenEuros, "USD")
    self.assertEqual(result, Money(12, "USD"))
    self.assertIsNone(missingKey)
    self.bank.addExchangeRate("EUR", "USD", 1.3)
    result, missingKey = self.bank.convert(tenEuros, "USD")
    self.assertEqual(result, Money(13, "USD")) ❶
    self.assertIsNone(missingKey) ❷

def testConversionWithMissingExchangeRate(self):
    bank = Bank()
    tenEuros = Money(10, "EUR")
    result, missingKey = self.bank.convert(tenEuros, "Kalganid")
    self.assertIsNone(result) ❸
    self.assertEqual(missingKey, "EUR->Kalganid") ❹
```

❶ 當轉換起作用時，第一個傳回值是一個有效的 Money 物件，

❷ 而 None 則是第二個傳回值。

❸ 當匯率未定義時，None 是第一個傳回值，

❹ 而第二個傳回值是缺漏匯率的 key。

修改後的 Bank.convert 方法（此處未顯示）不會再引發任何異常。[5]

有了這個實作之後，我們可以重構 Portfolio.evaluate 方法：

```
def evaluate(self, bank, currency):
    total = Money(0, currency)
    failures = ""
    for m in self.moneys:
        c, k = bank.convert(m, currency)
        if k is None:
            total += c
        else:
            failures += k if not failures else "," + k
    if not failures:
        return total
    raise Exception("Missing exchange rate(s):[" + failures + "]")
```

這樣產生的 Portfolio.evaluate 方法不僅更短、更優雅，而且還具有更低的循環複雜度。執行 flake8 --max-complexity=1 --select=C 並自己驗證看看吧！

[5] 線上儲存庫中提供了修改後的 Bank.convert 方法的原始碼以及所有其他更改。

程序

我們在同一個檔案中編寫了我們的第一個測試和生產程式碼的第一部分。當我們在第 7 章中分離模組中的程式碼時，我們已經具有了三個類別：兩個對應於 `Money` 和 `Portfolio` 的領域概念，一個類別用於我們的測試。後來，我們在第 11 章中介紹了 `Bank` 的第三個領域類別。我們開發功能的順序會如何影響產生的程式碼呢？

我們所採用的順序的一個重要影響是 `Portfolio.evaluate` 方法中 lambda 運算式的引入（在第 3 章中）和隨後的刪除（在第 10 章中）。我們是否能夠重新引入 lambda 運算式的簡潔性和改進性？這需要重新構想我們的程式碼，但還是可以做得到。回想一下第 8 章中 lambda 函數的結構，我們在這裡稍作改動以使用 `Bank.convert` 方法（而不是第 8 章中存在的 `self.__convert`）：

```
total = functools.reduce(operator.add,
          map(lambda m: bank.convert(m, currency), self.moneys), 0)
```

lambda 的侷限性在於，它們的應用方式讓我們無法編寫條件程式碼。但是，如果我們透過 `add` 運算子來累積轉換後的 `Money` 物件、和多次呼叫 `Bank.convert` 方法時所傳回的任何缺漏的匯率時會怎樣呢？

這是可行的——它需要更改 `Bank.convert` 的簽名和一個可以添加（`Money, string`）元組的被覆寫的 `__add__` 方法。這樣做是否明智呢？

這個問題沒有正確或錯誤的答案。閱讀軟體的頻率要比編寫軟體的頻率高得多。產生出來的程式碼會更容易閱讀嗎？我們可以而且應該在形成太強烈的意見之前先把它編寫出來。然而，即使在寫完它之後，我們也不應該期望會有一個明確的答案告訴我們哪種風格（有或沒有 lambda）會“更好”。即使在我們透過複雜性、內聚性和耦合性的可衡量指標篩選程式碼之後，主觀性元素仍然會存在。

TDD 不是死了嗎？

宣告了測試驅動開發已死的文章並不少見。有時在技術會議上還可以聽到演講者在宣揚 TDD 的危害，這不僅是一種儀式而已，而且成為了一種實務，希望它迅速被扼殺。甚至還有一系列有關這個主題的產業領袖之間的記錄和轉錄的對話（*https://oreil.ly/iI1zd*）。

那麼判決結果是什麼？ TDD 真的已經是一具屍體，充其量只能被解剖以瞭解逝去的想法的結構嗎？或者裡面還有生命呢？

在不想讓自己輕易被罵的情況下，要對這個問題給出明確的答案是非常困難的！儘管存在這種風險，但我認為關於 TDD 已死的報導既不成熟又過份誇大了。

在此重申一下前言中的部分內容，TDD 是一種設計和結構化程式碼的技術，其目標是促進簡單性並增加人們對程式碼的信心。我們在 TDD 期間編寫的單元測試是達到此目的的一種手段——它們本身並不是目的。當我們關注最終使用者的需求時，這一點就很明顯了：只有生產程式碼會被打包和部署，測試不會。

這裡有一個不是那麼完美的類比，但是單元測試對於生產程式碼就像鷹架對於正在建造的建築物一樣。有價值的（會被使用和欣賞的）結構是大廈本身。鷹架的存在只是為了在施工過程中可以架起和支撐建築物。單元測試在許多方面都很類似，除了一個：我們在建構完成後會移除鷹架，因為我們預見建築物的外部架構並不會有任何變化。我們很少能對程式碼做出這樣的保證：任何正在積極使用的軟體也會不斷的變化。

因此，保留單元測試、透過 CI/CD 伺服器定期執行它們、並隨著生產程式碼的發展而改進它們的這種實務是必不可少的。從某種意義上說，軟體是一座不斷翻新的建築，即使它的居民很積極使用它。因此，鷹架必須與可居住的建築一起進行維護。

然而，我們永遠不應忽視這樣一個事實，即 TDD 以及所有測試的目的都是為了製作更好的生產程式碼。如果我們能夠在不執行 TDD 的情況下，以某種方式將完美的生產程式碼生出來，我們就會毫不猶豫的這樣做。不過我們還不知道要怎麼做到這件事。我們之所以喜歡 TDD，只是因為它為編寫簡單、強固和高品質的生產程式碼，提供了一條可尋訪的路徑。

Kent Beck 在回答 Stack Overflow（*https://oreil.ly/1meWo*）上的一個問題時，以直接而明確的方式澄清了這一點。他的宣告具有如此強大的解釋力，值得在此全文引用：

> 我是因為有效的程式碼而不是測試而獲得報酬，所以我的理念是盡量少進行測試而能達到給定的信心水準（我自認這種信心水準與產業標準相比起來很高，但這可能只是狂妄自大）。如果我通常不會犯某種錯誤（例如在建構子函數中設定錯誤的變數），我不會對其進行測試。我確實傾向於理解測試錯誤，所以當我有複雜條件的邏輯時我會格外小心。在團隊中寫程式時，我會修改我的策略以仔細測試我們共同容易出錯的程式碼。
>
> 基於這種理念，不同的人會有不同的測試策略，但考慮到我們對測試要如何最好的擬合寫程式的內部循環這件事的理解還不成熟，這對我來說似乎是合理的。十年或二十年後，我們可能會有一個更普遍的理論來說明哪些測試可以寫，哪些測試不可以寫，以及如何分辨它們的差異。在此同時，實驗似乎是沒問題的。

Kent Beck 寫下這些話語已經十多年了，所以我們接近他估計的範圍的中間。我不是千里眼：我不知道在接下來的七八年裡我們是否會有任何接近測試萬有論（universal theory of tests）的東西。[6] 在沒有這樣一個理論的情況下，我們應該繼續仰賴支持測試驅動開發的實驗和理論證據——我們應該繼續試驗和創新。

我們在哪裡

在本書中，我們的 TDD 之旅即將結束。然而，這還不是結束。

我鼓勵您查看隨書所附的儲存庫中的原始碼，以獲取更新和本文未深入介紹的內容。

您還有機會與其他讀者交流解決問題的替代方法以及如何擴展它。

在您養成對**大部分**（如果不是**全部**的話）程式碼進行測試驅動的習慣的漫長旅程中，這只是一個開始。

[6] 邁向測試萬有論的第一步是**測試金字塔**（*test pyramid*）——由 Mike Cohn 設計並由 Ham Vocke 在這篇文章（*https://oreil.ly/O4zrm*）中詳細描述的術語。

開發環境設置

設置開發環境是編寫任何程式碼的先決條件。幸運的是，現在要建立一個可靠的“開發環境”比以前更容易了。而且它也越來越容易。

當您閱讀本書時，可能（也許很可能）會有比我在下面所建議的更好的選擇。如果有更簡單的機制來設置您的開發環境，請使用它。另外，也請與本書的其他讀者分享（您可以發送電子郵件至 *bookquestions@oreilly.com*）。

本附錄並不是您可以用來設置開發環境的所有方法的詳盡列表。它也沒有提供關於如何安裝每種語言、整合開發環境、外掛程式或擴充程式（或管理它們的不同版本）的分步說明。這些細節既冗長乏味，又極易過時：幾乎所有這些工具都會定期（每隔幾個月甚至幾週）更新。我不會提供比麵包更容易過期的那些詳細說明，而是選擇提供有關要**如何**設置開發環境的一般概述。那些具有超連結的參考資料可以在您需要時指導您瞭解更多詳細資訊。

線上 REPL

REPL 代表“讀取－評估－列印迴圈（Read-Eval-Print Loop）”。它是一個交談式頂級殼層（shell），可讓您直接輕鬆的編寫短的程式。您在 REPL 中編寫的任何程式碼都會被**讀取**，然後被**評估**（也就是，剖析、編譯和 / 或直譯（具體取決於語言），然後執行）。最後，**列印**它的結果。整個過程在一個迴圈中執行，因此您可以繼續編輯程式並根據需求來執行它。REPL 的互動性本質，再加上其快速而詳細的回饋，使其成為學習新程式語言的理想環境。

如果這樣還不夠好，現在已經有幾個針對各種語言的線上 REPL，其中許多 REPL 還可以免費使用。您所需要的只是一台帶有網頁瀏覽器和穩定（不一定是超快）網際網路連接的電腦。

雖然有了這些好處，使用線上 REPL 來編寫大量程式碼（包括本書中的程式碼範例）仍有一些事項需要注意。特別是，如果您在線上 REPL 中編寫大量程式碼，您可能會面臨以下這些挑戰：

難以根據您的想法來組織程式碼

您可能會發現很難（或不可能）在資料夾中組織原始檔（例如 LeetCode 免費版）。您可能會發現很難根據需要來命名檔案（例如，在 Repl.it 中編寫 Go 時，您既不能刪除也不能重新命名名為 *main.go* 的檔案）。

很難匯入外部套件

例如，LeetCode 允許您在標準程式庫中匯入 Go 套件，但匯入外部套件並非易事（有可能根本不可能做到）。

您可以編寫的程式碼數量的限制

線上 REPL（尤其是免費版本）通常會限制您可以線上編寫和儲存的程式碼數量。如果你寫了很多程式碼——我鼓勵你這樣做！——您可能很快就會遇到這些限制。

將程式碼保密的限制

請記住，您使用線上 REPL 編寫的任何程式碼都儲存在它的 Web 伺服器上的某個位置（“在雲端中”）。通常，您不得不公開這些程式碼儲存庫，尤其是在免費版本的線上 REPL 中。如果您正在學習編寫程式碼，程式碼隱私對您來說可能並不重要，而且如果您正在積極尋求與他人合作時，則可能甚至會因此不受歡迎。然而，隨著程式規模的擴大（尤其是當您開始編寫專屬程式碼時）您可能希望或需要控制對程式碼儲存庫的存取。線上 REPL 可能會使這件事更難達成。

由於瀏覽器當掉等原因而丟失程式碼的風險

您是否曾經在瀏覽器文字欄位中輸入了一堆文字，然後目睹了（輕微恐懼）您的瀏覽器當掉並丟失了您輸入的所有文字？當您用自然語言輸入一堆文字時，這已經是夠糟糕的了（例如，回覆社交媒體網站上的貼文）。如果您剛剛丟失的“文字”是您煞費苦心地編寫、測試和重構的程式碼時，那真是會令人痛心。使用線上 REPL，程式碼的丟失總是可能的（當然，您總是可能把咖啡灑在您的電腦上並以這種方式丟掉程式碼；但是，我假設像大多數開發人員一樣，您遇到的瀏覽器當掉的機會比灑咖啡更頻繁！）。

綜合以上所述，在線上 REPL 中**開始**編寫本書中的程式碼是可以的。但是，我不建議您以這種方式編寫**所有**的內容。遲早，您會覺得有必要在您的電腦上設置適當的開發環境。

以下是一些線上 REPL，可以幫助您以最少的事先準備開始。

Repl.it

Repl.it（*https://repl.it*）是我最常使用的線上 REPL，尤其是當我在嘗試新的語言或功能，並且不想花時間和精力來設置本地端開發環境時。它支援數十種語言——包括本書中所使用的所有三種語言（*https://repl.it/languages*）。它的免費版功能豐富，因此您可以在決定是否需要付費訂閱之前先試用一下。

要在 Repl.it 中執行 Go 程式碼，您需要知道一些技巧：

1. 不能刪除名為 `main.go` 的檔案。請將此檔案保持——忽略它就好。
2. 按照 Go 命名慣例來建立測試檔案，例如 `money_test.go`。
3. 如果要執行測試，請**不要**單擊帶有綠色箭頭的執行按鈕。相反的，切換到右側的 Shell 頁籤，鍵入 `go test -v` < *測試檔名稱* >`.go`，然後按 Enter。

圖 A-1 顯示了 Repl.it 視窗，其中包含了第 1 章中的 Go 程式碼。

```
saleemsiddiqui / TDD_Go                    Run ▶                    Invite

Files                money_test.go                                  Console   Shell
  main.go            1  package main                                ~/TDDGo$ go test -v money_test.go
  money_test.go      2                                              === RUN   TestMultiplication
Packager files       3  import (                                    --- PASS: TestMultiplication (0.00s)
  go.mod             4    "testing"                                 PASS
  go.sum             5  )                                           ok      command-line-arguments  0.061s
                     6                                              ~/TDDGo$
                     7  func TestMultiplication(t *testing.T) {
                     8    fiver := Dollar{amount: 5}
                     9    tenner := fiver.Times(2)
                     10   if tenner.amount != 10 {
                     11     t.Errorf("Expected 10, got: [%d]",
                            tenner.amount)
                     12   }
                     13 }
                     14
                     15 type Dollar struct {
                     16   amount int
                     17 }
                     18
                     19 func (d Dollar) Times(multiplier int) Dollar {
                     20   return Dollar{amount: d.amount * multiplier}
                     21 }
```

圖 A-1　使用第 1 章中的 Go 程式碼的 Repl.it

圖 A-2 顯示了一個 Repl.it 視窗，其中包含我們在第 1 章中編寫的 JavaScript 程式碼。回想一下，我們當時編寫的程式碼中因為測試成功而沒有任何輸出；這就是為什麼圖 A-2 中的程式碼被故意修改為失敗的測試，以說明失敗是如何在 Repl.it 中顯示的。要執行該檔案，我們切換到右側的 Shell 頁籤並鍵入 `node` *<測試檔名稱>*`.js` 並按 Enter。

圖 A-2　使用第 1 章中的 JavaScript 程式碼的 Repl.it

圖 A-3 在 Repl.it 視窗中顯示了第 1 章裡的 Python 程式碼。要執行該檔案，我們切換到右側的 Shell 頁籤並鍵入 `python` < 測試檔名稱 >`.py` 並按 Enter。

圖 A-3　使用第 1 章中的 Python 程式碼的 Repl.it

LeetCode

LeetCode（*https://leetcode.com*）鼓勵透過程式設計競賽、挑戰和討論，與其他開發人員進行社交互動。"Playground" 功能允許您使用多種語言來編寫程式碼，其中包括 Go、JavaScript 和 Python。但是，它存在著一些限制。使用 Go 時，匯入標準程式庫（*https://golang.org/pkg/#stdlib*）之外的套件、或透過 `go test` 來執行測試並不容易。使用 Python 時，要如何使用 `unittest` 套件、來執行測試則未明確說明。

它的免費版限制了 Playground 的數量（目前為 10 個）；付費訂閱解除了這個限制，並提供了許多其他功能，例如除錯和自動完成。

圖 A-4 顯示了一個 LeetCode 視窗，其中包含了第 1 章中的 JavaScript 程式碼。程式碼中的測試被故意破壞，以說明測試失敗在 LeetCode 中出現的樣子。

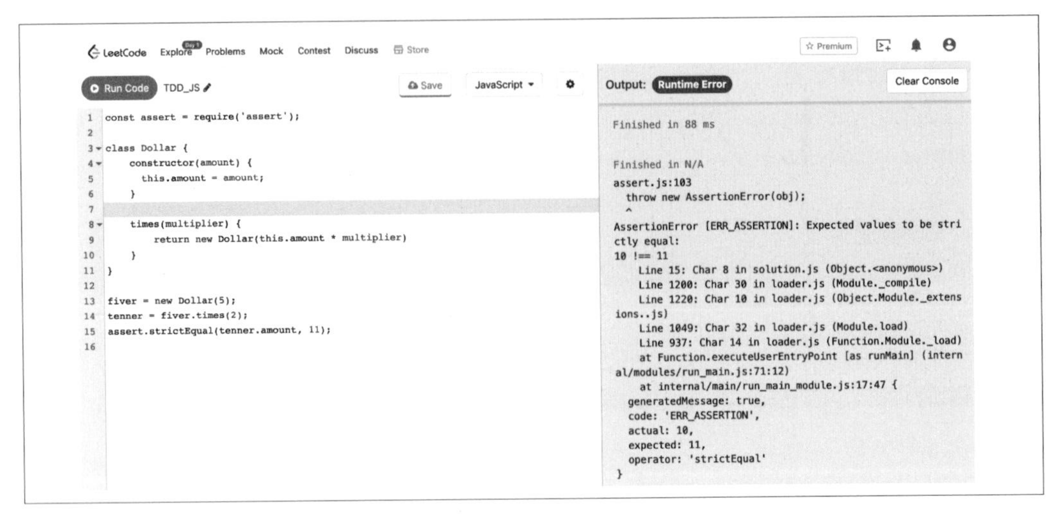

圖 A-4　使用第 1 章中的 JavaScript 程式碼的 LeetCode

CoderPad

CoderPad（*https://coderpad.io*）非常適合在程式碼上進行即時協作——例如成對（pair）或群體程式設計（mob programming）。如果您以小組或群組的一份子的身分來學習一門新語言，這可能特別有用。出於這個原因，CoderPad 經常在技術面試中使用——所以熟悉它也可能對您的職業生涯有好處！

CoderPad 支援多種語言，包括本書中所使用的三種語言。然而，像 LeetCode 一樣，匯入標準程式庫（*https://golang.org/pkg/#stdlib*）之外的 Go 套件並非易事。

圖 A-5 顯示了 CoderPad 和第 1 章中的 JavaScript 程式碼。同樣的，程式碼故意顯示了一個損壞的測試，以說明斷言失敗在 CoderPad 中是如何出現的。

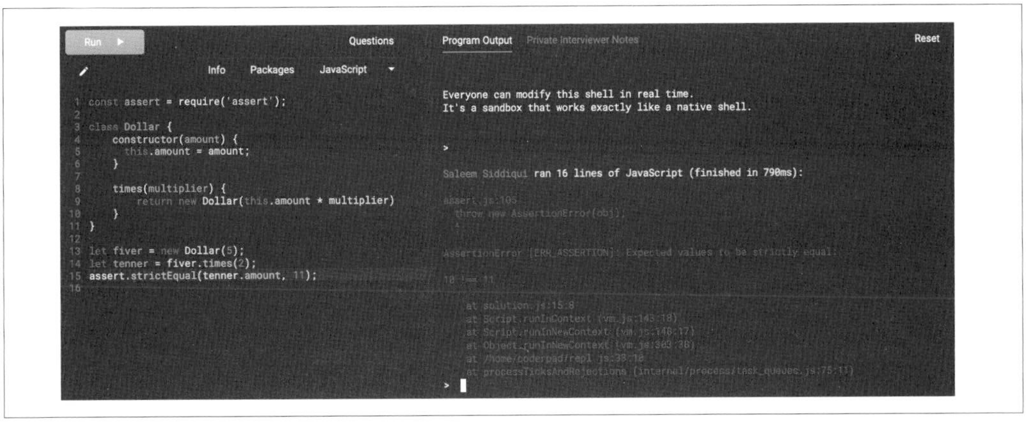

圖 A-5　使用第 1 章中的 JavaScript 程式碼的 CoderPad

圖 A-6 顯示了 CoderPad 和第 1 章中的 Python 程式碼。

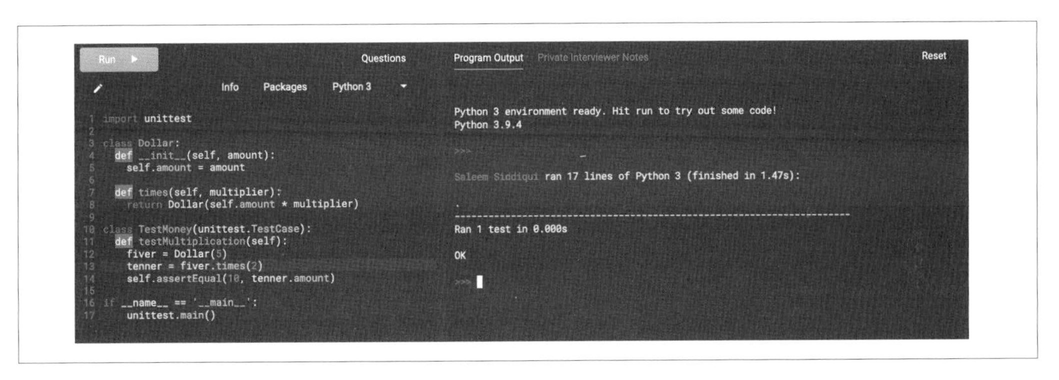

圖 A-6　使用第 1 章中的 Python 程式碼的 CoderPad

Go Playground

Go Playground（*https://play.golang.org*）提供了為 Go 程式語言量身定製的 REPL。有鑑於前幾節所述之 Go 的其他一些線上 REPL 的限制，使它顯得特別有用。

在 Go Playground 的簡約使用者介面之下，具有一個強大的 REPL 引擎。一個有用的功能是能夠為您編寫的任何程式碼片段建立永久鏈結。這使得共享程式碼變得容易。最重要的是，Go Playground 是完全免費的。

您可以直接從 Go Playground 編寫單元測試和生產程式碼並執行測試。您甚至可以將程式碼組織成多個檔案。如果您決定要這麼做時，它可以幫助您在 Go 中快速入門。

使用 Go Playground，您可以像在 IDE 裡一樣從公開可用的儲存庫（例如 GitHub.com）匯入套件。圖 A-7 顯示了第 2 章中的程式碼、以及從這個 GitHub 儲存庫（*https://oreil.ly/yNlyD*）匯入的外部套件。

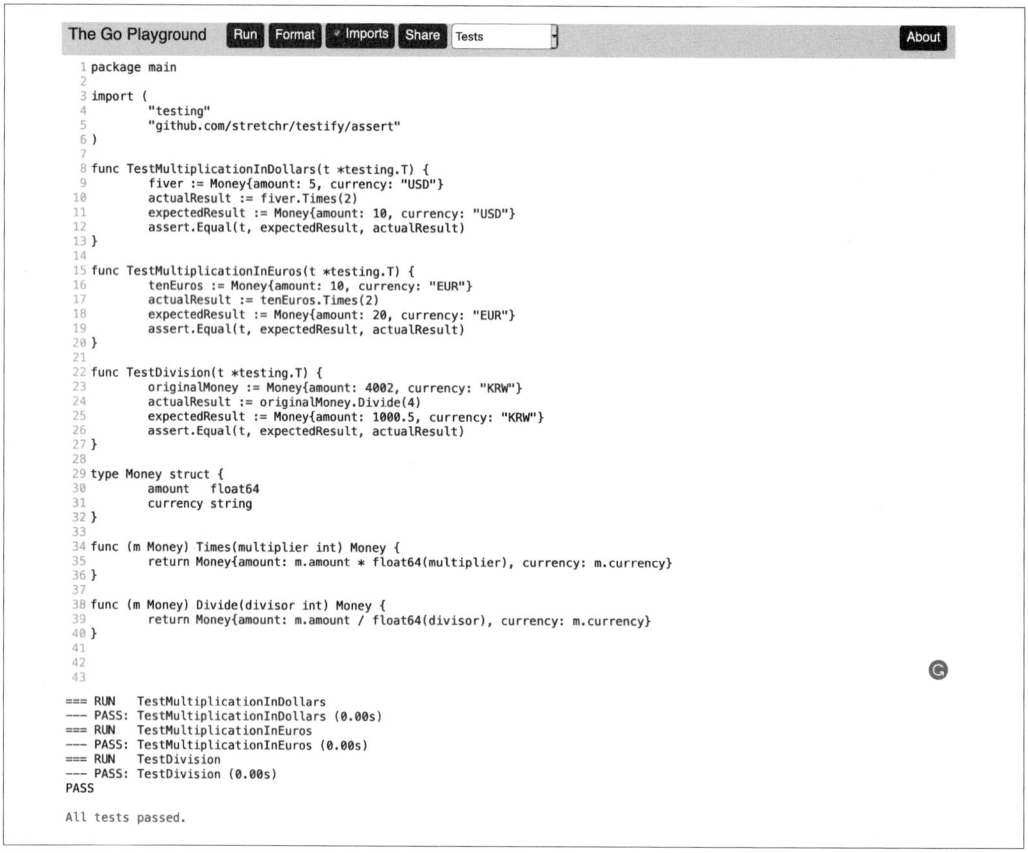

```
The Go Playground  Run  Format  Imports  Share  Tests                About
 1 package main
 2
 3 import (
 4         "testing"
 5         "github.com/stretchr/testify/assert"
 6 )
 7
 8 func TestMultiplicationInDollars(t *testing.T) {
 9         fiver := Money{amount: 5, currency: "USD"}
10         actualResult := fiver.Times(2)
11         expectedResult := Money{amount: 10, currency: "USD"}
12         assert.Equal(t, expectedResult, actualResult)
13 }
14
15 func TestMultiplicationInEuros(t *testing.T) {
16         tenEuros := Money{amount: 10, currency: "EUR"}
17         actualResult := tenEuros.Times(2)
18         expectedResult := Money{amount: 20, currency: "EUR"}
19         assert.Equal(t, expectedResult, actualResult)
20 }
21
22 func TestDivision(t *testing.T) {
23         originalMoney := Money{amount: 4002, currency: "KRW"}
24         actualResult := originalMoney.Divide(4)
25         expectedResult := Money{amount: 1000.5, currency: "KRW"}
26         assert.Equal(t, expectedResult, actualResult)
27 }
28
29 type Money struct {
30         amount   float64
31         currency string
32 }
33
34 func (m Money) Times(multiplier int) Money {
35         return Money{amount: m.amount * float64(multiplier), currency: m.currency}
36 }
37
38 func (m Money) Divide(divisor int) Money {
39         return Money{amount: m.amount / float64(divisor), currency: m.currency}
40 }
41
42
43

=== RUN   TestMultiplicationInDollars
--- PASS: TestMultiplicationInDollars (0.00s)
=== RUN   TestMultiplicationInEuros
--- PASS: TestMultiplicationInEuros (0.00s)
=== RUN   TestDivision
--- PASS: TestDivision (0.00s)
PASS

All tests passed.
```

圖 A-7　使用了類似於我們在第 2 章中所開發的程式碼的 Go Playground，帶有一個外部的斷言程式庫

線上 REPL 的完整列表

Joël Franusic 維護著一個線上 REPL 列表（*https://oreil.ly/1rT0l*）。我還沒有嘗試過全部——實在太多了！但是，如果您找到自己喜歡的東西，請使用它並與他人分享您的經驗。

整合開發環境（IDE）

線上 REPL 很適合入門。但是，您會發現，要進行任何認真的程式設計，您的電腦上需要一個適當的開發環境。

IDE 是設置開發環境的可靠方法。這裡有幾個選擇。雖然您可能想要同時設置好幾個，但我建議您從其中一個開始並熟悉它，然後再嘗試另一個。善於使用一個 IDE（包括它的鍵盤快捷鍵，這樣您就可以最大限度的減少滑鼠或指向裝置的使用）會比只是在表面上瞭解幾個 IDE 還要好。

請注意，即使您使用 IDE，您仍然需要為您使用的每種語言安裝執行時期環境（runtime environment, RTE）。然後，您可以配置您的 IDE，以便您可以輕鬆的使用每一種語言。

Visual Studio Code

Visual Studio Code（*https://oreil.ly/Cm8TK*）是我用來開發本書範例的 IDE。它具有允許您可以同時配置多種語言的外掛程式（包括本書中使用的所有三種語言）。它適用於 Windows、macOS 和 Unix 作業系統。Microsoft 已根據 MIT 授權將 Visual Studio Code 作為開源產品發布。這增加了像您這樣的開發人員編寫和公開共享的擴充程式（*https://oreil.ly/BsLLn*）的數量。這些原因使得選擇 Visual Studio Code 作為您的"首選" IDE 成為一個令人信服的案例。

根據一些調查，Visual Studio Code 是開發人員中最受歡迎的 IDE（*https://oreil.ly/xVdnm*）。正如他們所說，群眾智慧！

IntelliJ IDEA

IntelliJ IDEA（*https://oreil.ly/TcnWz*）是捷克軟體公司 JetBrains 開發的一系列 IDE 中的一個。它的 Ultimate Edition（您必須為其購買授權）支援 Go、JavaScript 和 Python（本機或透過您可以安裝的外掛程式）。免費的 Community Edition 也支援多種語言（*https://oreil.ly/uUESk*）。但是，它不支援開箱即用的 Go 或 JavaScript。

JetBrains 提供了另一個支援 Python 的產品的 Community Edition：Python 的 PyCharm（*https://www.jetbrains.com/pycharm*）。但是，對於 Go 的開發，在撰寫本文時（2021 年年中）只有 IDE 的商業版：GoLand（*https://oreil.ly/kaDFP*）。

Eclipse

Eclipse（*https://oreil.ly/TOuLT*）是來自 Eclipse 基金會的免費開源 IDE。Eclipse 是在 Java Development Kit（JDK）上執行並支援多種語言。本書所使用的語言都有外掛程式可以用：用在 Go 的 GoClipse（*https://oreil.ly/g8lk4*）、用在 JavaScript 的 Enide（*https://oreil.ly/oy0zy*）、以及用在 Python 的 PyDev（*https://oreil.ly/o9ffP*）。

安裝語言工具

如果您使用了本章前面所描述的某種 IDE，您將會需要安裝語言編譯和執行時期工具。如果沒有這些工具 IDE 將無法執行。安裝語言工具之後，您就可以配置 IDE 以使用這些工具（例如，編譯、執行、測試和除錯程式碼）。

Go

Go（*https://golang.org*）是一種來自 Google 的開源程式語言。它的二進位發行版可用於 Windows、macOS 和 Unix 作業系統。本書使用 Go 的 1.17 版本。

如果要使用 Visual Studio Code 或 GoLand 等 IDE，則需要安裝 Go。

JavaScript / ES6

在本書所使用的三種語言中，JavaScript（*https://nodejs.org*）是獨一無二的，因為您不需要為它安裝特定的編譯器、直譯器或執行時期環境。如果您對為什麼會是這樣的細節感興趣，請參閱下一個邊欄。

瀏覽器中的 JavaScript 引擎

您不必安裝 JavaScript 工具來編寫簡單的 JavaScript 程式的原因是，所有現代 Web 瀏覽器都支援 JavaScript。因此，瀏覽器實際上就是 JavaScript 的執行時期環境。也就是說，您可以直接在 Web 瀏覽器中編寫 JavaScript 程式碼並在本地端執行。這與使用前面所描述的線上 REPL 來執行它並不一樣，因為 "JavaScript 引擎" 已經在您的瀏覽器中執行。

但是，您確實需要一個執行時期 "JavaScript 引擎" 才能使其工作。流行的 JS 引擎包括 V8（*https://v8.dev*）（用在 Chrome 瀏覽器和 Node.js）、

WebKit（*https://webkit.org*）（用在 Safari 瀏覽器上）和 Gecko（*https:// / oreil.ly/2KFqZ*）（用在 Firefox 瀏覽器上）。在它的早期，不同的 JS 引擎對 JavaScript 的支援存在著顯著差異。如果您有幸在本世紀初建構了以 JavaScript 來強化的 Web 應用程式，您可能還記得您是如何編寫限定於某一瀏覽器的程式碼的（或者您可能選擇性的忘記您職業生涯的那個階段——我也不怪您！）。幸運的是，隨著 JavaScript 標準化為 ECMAScript，不同的 JS 引擎在它們對 ECMAScript 版本的支援上更加一致（並且明顯如此）。ECMAScript 的最新版本是 ES 2020。Node.js 所包含的 V8 JS 引擎在透過穩定的發布更新串流，來支援最新的 ECMAScript 規範的這個方面表現出色。我在這裡所提供的任何印出來的資訊，保證會在這本書到達您手中之前就都已經過時了！我建議您查看線上說明檔案（*https://oreil.ly/48kbR*）以獲取最新參考。

安裝 JavaScript 引擎（編譯和執行 JS 程式碼的東西）最簡單的方法是安裝 Node.js。當您安裝 Node（包括 Node Package Manager, NPM）並將其位置添加到 `PATH` 變數時，您的 IDE（例如 VS Code 或 IntelliJ IDEA）就應該能夠找到並使用它。

有關 JavaScript 的更進階配置選項，請參閱 IDE 的說明檔案（例如，VS Code（*https:// oreil.ly/R8LTU*）和 IntelliJ IDEA（*https://oreil.ly/H3aiM*））。

Python

Python（*https://www.python.org*）是由 Guido van Rossum 建立的一種直譯式程式語言。它是根據自己的（即 Python 軟體基金會的）開源授權來發布的。它適用於 Windows、macOS、Unix 和其他作業系統。請查看 Python 網站以獲取有關如何為您的特定作業系統安裝該語言及其工具的說明。

本書中的程式碼需要 Python 3。舊版本 Python 2 已於 2020 年元旦停用（*https://oreil.ly/ gmXVg*）。您可能仍然可以找到使用 Python 2 的軟體。[1] Python 2 和 Python 3 之間有很多且顯著的差異。[2]

[1] 在包括 Big Sur 在內的多個 macOS 版本上，`python` 命令被別名為 Python 2 安裝版本。如果要使用 Python 3，則必須在殼層上外顯式鍵入 `python3`。

[2] Sebastian Raschka（*https://oreil.ly/tAZsG*）的這篇文章列舉了 Python 2 和 3 之間的一些差異，並附有範例。

附錄 B

三種語言的簡史

Go

Go 語言由 Google 設計並於 2009 年正式發布（*https://blog.golang.org/11years*）。它的建立是為了改進 C/C++ 的缺點。其指導原則（*https://oreil.ly/xbpTl*）包括簡單性、安全性、可讀性和極簡主義。在本書的三種語言中，它是最年輕的。

Go 的簡單設計原則意味著其他語言（包括啟發它的語言）中存在的許多功能，在它裡面並不存在（*https://golang.org/doc/faq*），也就是：

1. 泛型[1]

2. 編寫迴圈的不同方式

3. 類別（以 C++/Java 的意義上的）

4. 繼承

5. 型別之間的內隱式轉換

6. 指標運算

但是，Go 包含了許多其他語言沒有的有用功能，例如：

1. 並行（concurrency）

2. 套件管理

[1] Go 中對泛型的支援是一項快速發展的功能：*https://blog.golang.org/generics-next-step*。

3. 格式化（`go fmt`）

4. 靜態程式碼分析（`go vet`）

5. 本書最重要的一點：單元測試！

造成混淆（和一些怨恨）的主要來源是**該語言的正確名稱是什麼？**[2] 該語言的正式名稱就是 "Go"，儘管它也被稱為 "Golang"。有點諷刺的是，這對 Google 來說是一件困難的事情，並且因為該語言的官方網站是 https://golang.org。我在本書中使用了官方名稱並將這種語言稱為 *Go*，*G* 始終為大寫。我希望這不會讓您太惱火。這樣看吧，如果這是造成我們歧見的**最大**根源，我們也會非常感恩！

本書使用 Go 的 1.17 版本（*https://golang.org/dl*）。

JavaScript

本書使用 Node.js（*https://nodejs.org/en*）所提供的 JavaScript 風格，特別是 Node.js 的第 14 或 16 版（*https://oreil.ly/nEZ3E*）。這種風格的 JavaScript **大多**會與 ECMAScript 相容。ECMAScript 是由 Ecma International（前身為 ECMA —— European Computer Manufacturers Association（歐洲電腦製造商協會））發布的語言標準。ECMAScript 標準的發展相對的比較快（與 Java 相比）。事實上，該標準的最新版本被官方稱為 "ES.Next"。您必須為在標準名稱中包含**變數**的技術委員會的能量、熱情、承諾和專注點說讚！[3]

> **Node.js 版本**
>
> Node.js 版本編號遵循特定慣例。偶數版本（如 14 和 16）的目標是會為其提供長期支援，通常為 30 個月。像 15 和 17 這樣的奇數版本僅會被支援六個月。這產生了有趣的場景。Node.js 版本 12 的支援期間幾乎與版本 17 一樣。版本 14 的壽命將超過版本 15 和 17 ！

重要的是要注意 ECMAScript 是一種標準，也是一種語言。這與許多其他語言沒有什麼不同，例如 C++（*https://isocpp.org*）、Java（*https://oreil.ly/v5Pck*）或 Fortran（*https://oreil.ly/2aqHW*）。在撰寫本文時，ECMAScript 標準的最新更新是所謂的 ECMA-262（*https://oreil.ly/DgZzQ*）的一部分—— "ECMAScript 語言規範的第十二版 "。

[2] "@secretgeek" 在推特上發布了已故的 Phil Karlton 的引言（*https://oreil.ly/Ori0n*）的更新版本，它兼具開發者幽默的雙重作用："電腦科學中有兩個難題：快取失效、命名事物，以及差一錯誤（off-by-one error）！"

[3] 您可以說 C++ 在它的名字中也有一個變數——而且當你閱讀它時，它的值實際上是被修改的！

JavaScript 可以被認為是 ECMAScript 標準的一種方言。還有其他方言存在，例如 Adobe 的 ActionScript（*https://oreil.ly/B4ywH*）和 Microsoft 的 JScript（*https://oreil.ly/kR4ML*）。然而，我們可以毫不誇張的說，JavaScript 是 ECMAScript 最流行和最常用的實作，或許已經接近壟斷。這種流行性的部分原因是和歷史有關的：JavaScript 是在 1990 年代中期由 Netscape 建立的，透過允許程式碼直接在 Netscape 的 Communicator Web 瀏覽器中執行，來提供一種建立動態 Web 內容的方法。JavaScript 是第一個進入使用者桌面瀏覽器的腳本語言——第一個上線的腳本語言（它的原名—— LiveScript，可以向那段歷史致敬）。從某種意義上說，JavaScript 硬擠進了這個領域，並在網路腳本語言還沒有任何標準之前就被採用了。請您原諒我做一個有點勉強的運動的類比：JavaScript 射進了第一個球，並在裁判吹哨正式開始比賽之前，就得到了觀眾的第一個掌聲！

到 1996 年底，當 Ecma 開始標準化 " 用於在 Internet 和 Intranet 上建立應用程式的跨平台腳本技術 "（*https://oreil.ly/MXRZT*）時，JavaScript 已經在數十萬使用者的瀏覽器中執行了。事實上，這次會議的部分原因是 Netscape 將 JavaScript 提交給 Ecma 以考慮作為產業標準。

換句話說：ECMAScript 是從 JavaScript 的現實演變而來的標準。這裡沒有先有雞還是先有蛋的難題：歷史清楚的表明了誰先來的。

歷史可能很無聊，但重要的是我們可以方便的命名事物以便談論它們。嚴格來說，我應該在本書中使用 "ECMAScript 的 Node.js 實作 " 而不是 "JavaScript"。然而，這將是令人困惑並且過於迂腐的。事實是：

- 現代的 JavaScript 支援 ECMAScript 標準。
- "JavaScript" 這個名稱在許多（也許是大多數）開發人員的頭腦中保留了一個明確的含意——他們知道當他們聽到這個字時所說的是什麼語言。
- Node.js 實作非常符合 ECMAScript 標準。[4]

[4] Node 的最新版本對 ECMAScript 標準（*https://oreil.ly/yQgAc*）的支援分數為 98%。" 電腦科學中有兩個難題：快取失效、命名事物，以及差一錯誤（off-by-one error）！ "

基於這些原因，我選擇使用 "JavaScript" 來指涉實際上是 "ECMAScript 262 標準的 Node.js 實作"。我希望您欣賞並同意這種簡潔性！

本書中使用的一些特性是 Node.js 所特有的。

assert 模組

有很多優秀的 JavaScript 測試程式庫和框架存在。AVA（*https://oreil.ly/nB44m*）、Jasmine（*https://oreil.ly/Re8ac*）、Jest（*https://oreil.ly/CPIXd*）、Mocha（*https://oreil.ly/36nmI*）、tape（*https://oreil.ly/aT8LN*）、teenytest（*https://oreil.ly/UobFo*） 和 Unit.js（*https://oreil.ly/cYkt6*），是一些可以用於演示本書中 TDD 的測試框架。它們很多都非常受到歡迎——事實上，有人可能會問：這本書為什麼沒有選擇其中的一個或另一個來用呢？

以下是我不選擇其中任何一個的原因。

語法差異

這些框架雖然都能夠提供必要的支援，但具有完全不同的語法（它們源於不同的設計理念）。例如，比較以下兩個測試，每個測試都會比較兩個字串。注意語法糖的不同調味方式：

```
// 檔名： tape_test.js
// 執行測試方式： node tape tape_test.js
let test = require('tape'); ❶

test('hello world', function (t) { ❷
    t.plan(1); ❸
    t.equal('hello', 'world'); ❹
});
```

❶ tape 程式庫會匯出一個名為 Test 的函數，這裡將其指派給一個名為 test 的變數。

❷ 每個測試都被實作為一個帶有兩個參數的 test 呼叫，包含一個人類可讀的名稱、和一個帶有一個參數的匿名函數。

❸ 要執行的斷言數，在本例中為 1。

❹ 要斷言的事情，在本案例中為失敗的比較。

```
// 檔名： __test__/jest_test.js ❶
// 執行測試方式： jest
test('hello world', () => { ❷
  expect('hello').toBe('world'); ❸
});
```

❶ Jest 查找測試檔案時的預設位置。

❷ 每個測試都被實作為一個帶有兩個參數的 `test` 呼叫，包含一個人類可讀的名稱、和一個帶有一個參數的匿名函數。

❸ 要斷言的事情，在本案例中為失敗的比較。

簡單性

Node.js 系統已經包含一個斷言模組（*https://oreil.ly/CYMqD*），即使它不是一個成熟的測試框架，也足以展示單元測試的原理。

正如我們在前幾章、特別是第 6 章中所看到的，使用我們自己的測試工具會讓我們更接近程式碼，並允許我們使用測試驅動開發來建構一部分的測試工具。[5]

開放性

透過不採用任何的測試框架，本書中的 JavaScript 程式碼為您留下了選擇餘地：您可以自由的重構到**任何**框架，因為您對您的測試瞭若指掌。

透過保持測試的語法簡單、透過遠離單一框架的複雜性、並透過自己建構（小）測試工具，我們確切的知道我們需要從任何測試框架中得到什麼。因此，採用任何上述框架（甚至是此處未提及的其他框架），在概念上變得更容易。

模組機制

JavaScript 模組機制已在第 6 章討論過了。由於歷史因素，ECMAScript 標準對模組的支援較晚。當 ESModules 功能在 ES5 中標準化時，已經存在許多定義模組的競爭標準。與使用已成為 Node.js 一部分的 `assert` 一樣，本書使用了 CommonJS 模組標準，這也是 Node.js 中的預設模組。

[5] 這種使用您正在製作的東西的做法通常被稱為“吃你自己的狗糧”（*https://oreil.ly/Wwg8E*）。這是一個健康的習慣，儘管它可能聽起來不好吃！

第 6 章詳細介紹了其他模組機制，包括 UMD 和 ESModules 的原始碼。

Python

Python 是由 Guido van Rossum 在他工作的研究所，也就是位於阿姆斯特丹的 Centrum Wiskunde en Informatica（CWI）建立的。它是從一種早期的語言 ABC 演變而來的。與許多其他語言一樣，**簡單性**是語言設計演變的支點。[6] 對於 Python 來說，簡單性意味著結合以下特性：

腳本語言

　為了滿足自動化任務的需求，我們需要一種朝向編寫腳本的語言。

縮格

　與許多其他語言形成鮮明對比的是，Python 使用空格而不是可見符號（例如大括號 `{}`）來對程式碼區塊進行分組。

"鴨子（*duck*）"型別

　變數型別沒有進行外顯式宣告；它們是從變數所持有的值推斷出來的。

明顯的運算子

　`*`、`+`、`-`、`/` 等運算子可以自然的跨資料型別工作。某些資料型別並不支援某些運算子——例如，字串不支援 `-`。

可擴展性

　程式設計師可以編寫自己的模組並擴展語言的行為。

互操作性（*interoperability*）

　Python 可以 `import` 和使用像 C 等其他語言所編寫的模組。

"鴨子"型別和明顯的運算子允許我們在 Python 中做出一些漂亮的技巧，例如以下程式碼片段所示。您可以直接在殼層中使用 Python REPL 來執行它：輸入 `python3` 並按 Enter 以叫出交談式 REPL。

[6] 2003 年 Guido van Rossum（*https://oreil.ly/NZ625*）的採訪，提到了他在 Python 設計中尋求簡單性的動機。

```
>>> arr = ["hello", True, 2.56, 100, 2.5+3.6j, ('Tuple', True)] ❶
>>> for v in arr: ❷
...   print(v 2)
...
hellohello ❸
2 ❹
5.12 ❺
200 ❺
(5+7.2j) ❺
('Tuple', True, 'Tuple', True) ❻
```

❶ 具有不同型別的元素陣列：字串、布林值、浮點數、整數、複數和元組。

❷ 遍歷陣列的每個元素並將其乘以 2。

❸ 字串乘法產生一個重複的字串。

❹ 布林值的 `True` 在相乘時被視為數字 1。

❺ 數字型別，包括複數，會根據算術規則相乘。

❻ 元組也根據算術規則相乘：按順序重複其元素。

其網站上所提供的 Python 的傳統實作稱之為 CPython。還有其他活躍的實作，也就是：

Jython（*https://www.jython.org*）

Python 的 Java 實作，目標是在 JVM 上執行。

IronPython（*https://ironpython.net*）

在 .NET 平台上執行的實作。

PyPy（*https://www.pypy.org*）

使用即時（just-in-time, JIT）編譯器的快速、相容的 Python 實作。

這些實作建立在 Python 的互操作性特性之上，允許 Python 程式碼與另一種語言的程式碼一起使用。

Python 歷史上最大的變化之一是在 2008 年發布的 Python 3，它與之前的 Python 2 在很多地方不相容。Python 2 已經走到了生命的盡頭；Python 2 沒有更多的更新或修補程式計劃。

本書使用 Python 的最新穩定版本 3.10（*https://oreil.ly/crCeX*）。

致謝

寫一本書是一種奇怪的奮鬥。無論手上用的是羽毛筆還是鍵盤，古代或現代的字匠都是獨自工作的。像游絲一樣的想法往往會被困在連貫的句子中，而且短語的轉折很少能完美的形成。當內文發揮作用時，程式碼發揮不了作用；當內文沒有產生時…好吧，程式碼仍然不會產生！

然而，這項奮鬥最奇怪的方面並不是這種孤獨的勞作。而是每一個隱士作家背後都有一群名符其實的支援者，沒有他們的不懈努力，這些想法永遠不會在出版的書中具體的活著。

首先，如果沒有那些程式設計先鋒的熱情和敬業，我對編寫軟體和從測試中驅動它的熱情是不可能被點燃的。其中最重要的是發明程式設計的"ENIAC 女性"（*https://oreil.ly/qKhhm*）——Kathleen Antonelli、Jean Bartik、Betty Holberton、Marlyn Meltzer、Frances Spence 和 Ruth Teitelbaum。Kent Beck 重新發現了測試驅動開發，並就此主題撰寫了一本令人喜愛且經久不衰的著作。我感謝他們所有人為我鋪平了道路。

我很感謝 O'Reilly 的人們讓我成為了一個更好的作者。自從我將近二十年前的第一本書以來，出版界發生了翻天覆地的變化。Eleanor Abraham、Kristen Brown、Michele Cronin、Melissa Duffield、Suzanne Huston 和其他人，確保我第二次涉足出版業時是無縫接軌的，儘管我中斷了很長時間。

我在芝加哥洛約拉（Loyola）大學的電腦科學老師 Konstantin Läufer 博士，向我灌輸了好奇心和驚奇——這些特質對我產生了持久的影響。

在我的整個職業生涯中，Neal Ford 一直是我的朋友和導師。如果沒有他的鼓勵和反饋，我不會完成這本書。

Hermann Vocke 詳細審查了本書的文本和程式碼，並提供了許多建議，其中大部分都包含在本文中。Edward Wong 還提供了使這本書變得更好的回饋。任何剩下來的缺陷都完全歸咎於我自己。

在我的職業生涯中，我受益於許多人的明智建議和支持。Karen Davis、Hany Elemary、Marilyn Lloyd、Jennifer Mounce、Paula Paul、Bill Schofield 和 Jen Stille 用他們的言行激勵了我——這常常讓我懷疑他們低估了他們的價值，沒有他們我就做不到。

最後，感謝我親愛的家人：我對你們的感激之情是無法表達的，只是因為我作為一個作家的貧窮，而不是因為缺乏真誠和情感。Janelle Scharon 博士是一位卓越的思想夥伴。Salma Siddiqui 博士、Shakeel Siddiqui 博士、Nadeem Siddiqui 博士和 Rashid Qayyum 博士（我的博士智慧家族小組）豐富並完善了我的思想。Safa Siddiqui 和 Sumbul Siddiqui 是我的力量支柱。透過原諒我的缺席，妳們為這本書做了付出。沒有我陪伴（儘管不怎麼好！）妳們的晚上和周末太多了。謝謝妳們給我的一切。

索引

符號

A

B

C

D

E

F

G

H

I

J

K

L

M

N

O

P

R

S

T

U

V

W

Y

Z

關於作者

Saleem Siddiqui 是一名軟體開發人員、訓練師、演講者和作家。在他橫跨了幾個科技繁榮和蕭條週期的職業生涯中，他以大大小小的團隊成員身分，為醫療保健、零售業、政府、金融業和製藥產業交付了軟體。他在軟體中犯了幾個非正統的、不重複的、而且大多是無法反悔的錯誤，並渴望與他人分享由此獲得的教訓。

Saleem 很高興他的工作將他帶到了世界各地。他經常寫下他的經歷（*http://thesaleem.com/blog*），偶爾以第三人稱來寫。

出版紀事

《*Test-Driven Development* 學習手冊》封面上的動物是巨嘴沙雀（*Rhodopechys obsolete*）。這種沙褐色的鳥可以透過牠翅膀上獨特的亮粉色和銀色的閃光來識別。牠們的平均翼展為 10 英寸、具有黑色粗壯的喙及黑白相間的飛羽。雄性比雌性顏色略亮，但除此之外，所有成鳥的顏色樣貌都相似。

通常可在加那利群島、北非、中東和中亞發現牠們的蹤跡。巨嘴沙雀主要為常居性，只有部分族群在冬季會遷移到其他地方。作為沙漠的居民，巨嘴沙雀可以在沙漠中較容易獲得水的地區找到。也曾發現牠們會聚集在農村和偏遠的人類居住區附近，以種子和小昆蟲為食，並以其自身物種或混合雀群來進行群居。通常會在樹上築巢，雌性在每個繁殖季節會產下約 4 ～ 6 個淡綠色帶有淺色斑點的卵。

巨嘴沙雀被認為是進化史上的現代物種。然而，在本世紀初，對其線粒體 DNA 的研究顯示，巨嘴沙雀是一種相對古老的品種：大約有 600 萬年的歷史，可能是其他雀類的祖先。這一事實使巨嘴沙雀成為一種特別適合出現在本書封面上的動物。測試驅動開發經常被認為是新奇的和花俏的玩意兒，但其實它是一種歷史悠久的實務！

目前，巨嘴沙雀的保護狀況很不受關注，但由於棲息地喪失、殺蟲劑的使用和窗戶的碰撞，這些獨特的鳥類仍然面臨族群減少的危險。O'Reilly 封面上的許多動物都瀕臨滅絕；所有它們對世界都很重要。

封面插圖由 Susan Thompson 創作，源自 Lydekker 的《*Royal Natural History*》中的黑白版畫。

Test-Driven Development學習手冊

作　　者：Saleem Siddiqui
譯　　者：楊新章
企劃編輯：蔡彤孟
文字編輯：詹祐甯
設計裝幀：陶相騰
發 行 人：廖文良

發 行 所：碁峰資訊股份有限公司
地　　址：台北市南港區三重路 66 號 7 樓之 6
電　　話：(02)2788-2408
傳　　真：(02)8192-4433
網　　站：www.gotop.com.tw
書　　號：A689
版　　次：2022 年 08 月初版
建議售價：NT$580

國家圖書館出版品預行編目資料

Test-Driven Development 學習手冊 / Saleem Siddiqui 原著；楊新章譯. -- 初版. -- 臺北市：碁峰資訊, 2022.08
面；　公分
譯自：Learning Test-Driven Development
ISBN 978-626-324-209-8(平裝)
1.CST：軟體研發 2.CST：電腦程式設計
312.2　　111008033

讀者服務

- 感謝您購買碁峰圖書，如果您對本書的內容或表達上有不清楚的地方或其他建議，請至碁峰網站：「聯絡我們」\「圖書問題」留下您所購買之書籍及問題。(請註明購買書籍之書號及書名，以及問題頁數，以便能儘快為您處理)
  http://www.gotop.com.tw

- 售後服務僅限書籍本身內容，若是軟、硬體問題，請您直接與軟體廠商聯絡。

- 若於購買書籍後發現有破損、缺頁、裝訂錯誤之問題，請直接將書寄回更換，並註明您的姓名、連絡電話及地址，將有專人與您連絡補寄商品。